这就是科学 ↘

韦亚一博士，国家特聘专家，中国科学院微电子研究所研究员，中国科学院大学微电子学院教授，博士生导师。1998 年毕业于德国 Stuttgart 大学／马普固体研究所，师从诺贝尔物理奖获得者 Klaus von Klitzing，获博士学位。

韦亚一博士长期从事半导体光刻设备、材料、软件和制程研发，取得了多项核心技术，发表了超过 90 篇的专业文献和 3 本专著。韦亚一研究员在中科院微电子所创立了计算光刻研发中心，从事 20nm 以下技术节点的计算光刻技术研究，其研究成果被广泛应用于国内 FinFET 和 3D NAND 的量产工艺中。

《这就是科学》：

科学的发展和知识的积累是现代社会进步的标志；严谨科学的思维也是衡量一个人成熟与否的重要指标。通过阅读本书中一个一个鲜活生动的故事，孩子们不仅可以学习到科学知识，而且可以培育科学的思维和逻辑推理。

韦亚一
2020. 12. 14

《这就是科学》：

科学的发展和知识的积累是现代社会进步的标志；严谨科学的思维也是衡量一个人成熟与否的重要指标。通过阅读本书中一个一个鲜活生动的故事，孩子们不仅可以学习到科学知识，而且可以培育科学的思维和逻辑推理。

韦亚一
2020.12.14

· 科学启蒙就这么简单 ·

在漫画中学习科学，在探索中发现新知

这就是科学

光和声的交响乐

李 妍◎编著

吉林文史出版社

JILIN WENSHI CHUBANSHE

图书在版编目（CIP）数据

光和声的交响乐 / 李妍编著 . -- 长春：吉林文史
出版社 , 2021.1
（这就是科学 / 刘光远主编）
ISBN 978-7-5472-7439-2

Ⅰ . ①光… Ⅱ . ①李… Ⅲ . ①光学—儿童读物②声学
—儿童读物 Ⅳ . ① O43-49 ② O42-49

中国版本图书馆 CIP 数据核字 (2020) 第 228181 号

光和声的交响乐
GUANGHESHENG DE JIAOXIANGYUE

编　　著：李　妍
责任编辑：吕　莹
封面设计：天下书装
出版发行：吉林文史出版社有限责任公司
电　　话：0431-81629369
地　　址：长春市福祉大路出版集团 A 座
邮　　编：130117
网　　址：www.jlws.com.cn
印　　刷：三河市祥达印刷包装有限公司
开　　本：165mm×230mm　1/16
印　　张：8
字　　数：80 千字
版　　次：2021 年 1 月第 1 版　2021 年 1 月第 1 次印刷
书　　号：ISBN 978-7-5472-7439-2
定　　价：29.80 元

前 言 Contents

　　作为科学学科的两大领域，同时也是我国初高中学生的必修课，物理和化学向来被看作是广大学生难以攻克的两大学科。复杂多变的物理环境、物理现象，深奥难解的化学组合、化学反应……曾经是令无数学子望而却步的高峰。如何轻松有效地学习好物理、化学，想必是很多学子乃至家长绞尽脑汁想要解决的难题。

　　其实，学好物理、化学这两门学科，并没有想象中那么难，也没有那么复杂。

　　如果我们用一颗轻松的心来看待这两门学科，同时试着将两者与我们的生活联系在一起，那么，你就会发现：原来生活中竟隐藏着如此之多的物理知识和化学常识！你也会发现：原来曾经以为高不可攀的科学高峰，竟然也有攀缘而上的道路！

　　是啊，这就是物理，这就是化学，这就是我们生活中隐藏着的科学，它并不难懂，也并不复杂，相反，它是严谨而有趣的生活点滴。

　　试想，我们每天都能看到的光、听到的声、感受到的热……它们都是从哪里来的呢？是什么原因导致了它们的产生？又是什么原因能让我们感受得到它们？

而它们又有哪些奇妙知识呢？

试想，我们吃的食物、穿的衣服、用的东西……它们是由哪些成分构成的呢？这些成分对人体又有哪些作用？我们对这些成分还能如何利用呢？

试想，包括我们人类在内，存在于这个世界上的物质，到底是什么呢？而所谓的密度、质量和重量，又是什么呢？我们生活着的这个世界的种种现象和反应，又该如何解释和理解呢？

想要知道这些，那就改变你的观念，不再用畏惧甚至抗拒的心态去看待科学的物理和化学，相反，我们应该用一颗好奇且有趣的心去学习物理和化学，这样，你就会感受到光的明亮和炙热，感受到声音的清脆和悦耳，感受到四季更迭中的物质变化，感受到能量交替中的守恒定律，感受到分子原子内部蕴含的强大能量……到那时，你会发现：原来，科学还能这样学！

科学之所以是科学，贵在它是人类经过数千数万年的探索、研究和总结而得出的宝贵经验，它来源于生活，更高于我们的生活。所以，如果我们用生活化的眼光去看待它，就会获得更加生活化、更加趣味化的知识。

这样有趣的学习方式，正是每个孩子需要的，比起枯燥的知识灌输，让知识变得灵活起来，才是学习的有效途径。

所以，快来趣味的科学世界遨游一番吧！

本书编委会

目 录  Contents

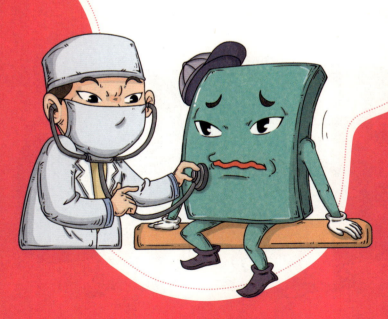

太阳光和反射光

本质上，光是一种处于特定频段的光子流，当光源中的电子获得额外能量，就能发出光。

有的光直接来自发光的物体；有的光来自反射光的物体。

歪博士爱提问

我们眼睛能看到的光线是从哪里来的？
太阳光是如何被反射出去的呢？ >>>

周末的午后，帮妈妈跑腿买完东西的方块正蹦蹦跳跳地走在回家路上。

眼看还有两个路口就到家了，方块抬头看了看高高挂在空中的大太阳，忍不住嘟囔道："这个周末被妈妈要求认真写作业，我都还没好好地放松放松呢……看这天色，时间还早呢，反正我是出来帮妈妈买东西的，晚点回去她应该不会怪我的！"

想到这里，方块连忙将手里拎着的塑料购物袋抱进怀里，然后飞快地朝红桃家跑去。

"红桃！红桃！"方块一边敲门一边大喊，"快开门，我是方块！"

"来啦！"门里头传来红桃的说话声和脚步声。

"嘎吱——"

打开门后，看到抱着装得满满的购物袋的方块，红桃有点惊讶："哎，方块，怎么是你呀？你不是说这个周末要乖乖地在家写作业，不能出来玩了吗？"

"唉，一言难尽呀！"说着，方块便朝屋里走了进去，"本来我以为写不完作业，妈妈就不让我出门了，可没想到，家里的亲戚突然打电话说晚上要来我家做客，所以妈妈就让我出来跑腿了，喏，你看——"

说着，方块伸手指了指放在地上的那个购物袋，只见里面装满了各种吃的——有水果、有蔬菜，还有各种各样的零食……

"方块，既然有亲戚要来，那你买完东西怎么还不赶快回家？"红桃一边从柜子里拿出水杯倒水，一边纳闷地问。

"红桃，我不喝白开水，我要喝可乐！"方块懒洋洋地躺在沙发上说，"外边太阳还老高呢，这么早回去，指不定妈妈又要让我帮她干活呢……我在你家休息会儿，等天快黑了再回家。"

喝完可乐、吃了会儿零食后，方块举起两只胳膊伸了伸懒腰，一副想打瞌睡的样子，于是他一边起身朝红桃的书房走去，一边说："红桃，我有点儿困了，咱们去你房间打会儿游戏吧！"

刚一走进红桃的书房，方块就被电脑旁边的一个水晶多面体吸引了。

"红桃！你快来！"方块一边目不转睛地盯着水晶多面体，一边兴奋地大喊，"这是什么呀？怎么一闪一闪的呢？"

"这个呀……这是我去年过生日的时候，歪博士送我的生日礼物……"

"呀！红桃你快看！"还没等红桃说完，方块就指着桌子对面的墙壁说，"这个水晶多面体竟然会发光……你快看，那面墙上有一大块光圈……"

能够发光的物体叫作光源。光射到可以反射光的物体时，便有部分光自介面射回的现象，称为光的反射。

说完，方块便兴奋地伸手拿起了那个水晶多面体，想要仔细研究研究，就在这时，只见墙壁上的那块光圈也跟着移动起来。

"哇！红桃，这也太酷了吧！不行，我要去找歪博士，让他也送我一个一模一样的水晶多面体！"

话音刚落，方块便拉起红桃的手，飞快地跑了出去，目的地正是歪博士的智慧屋。

"叮咚——"

来到歪博士家门口后，方块迫不及待地按响了门铃。不一会儿，智慧1号就打开门出现在他们面前。

"智慧1号，歪博士在家吗？"还没等智慧1号开口，方块就着急地问。

"博士正在做实验……"智慧1号机械地回答。

智慧
问答

光源的类型有哪些？

光源分为自然光源和人造光源，自然光源包括太阳、星星、萤火虫等；人造光源包括蜡烛、电灯等。月亮不会发光，所以不是光源。

听到这里，方块便拉起红桃的手，朝歪博士的实验室冲了过去。

"歪博士……歪博士……"方块大喊着，"您太偏心了，怎么就只给红桃好东西，不给我呢？"

"什么好东西？"正在做实验的歪博士听到方块的喊声后，一脸纳闷地转身问道。

"就是那个会发光的水晶球呀！"方块有点气鼓鼓地说，"我今天在红桃家看到了，那个水晶球能像太阳一样发光……实在是太酷了，不行不行……您必须也送我一个才行，否则……否则我今天就住在您家不走了！"

说完，方块一屁股坐到了地上，双手交叉放在胸前。

看到方块这副模样，歪博士忍不住笑了起来："哈哈，方块，原来你是因为这件事才来找我的呀……其实，那个水晶多面体根本就不会发光……"

"歪博士，您骗人！我明明看到了！"方块立马反驳道，"那个水晶球就和太阳一样，能发出五光十色的光呢！"

"哈哈，方块，其实那不是水晶多面体在发光，而是它反射了太阳的光芒，发出的反射光！"歪博士耐心地解释道，"要知道，有的光直接来自发光的物体；有的光来自反射光的物体，比如，太阳光就是来自太阳所有频谱的电磁辐射，当它们经过地球大气层的过滤照射到地球表面后，就被我们称为日光；而当入射光射到物体表面上时，物体反射出

来的光就叫反射光了。"

听了歪博士的解释，方块心中难免有些失落，不过，他还是顺利从博士那里得到了一个和红桃一模一样的水晶多面体。方块突然记起妈妈还在等自己的购物成果，就抱着水晶多面体飞快地朝红桃家跑去，毕竟，那一大袋子好吃的都还落在红桃家呢！

会发光的玻璃镜

玻璃真的会发光吗？小朋友们，让我们一起来做个实验找找答案吧！

安全提示： 本实验要用到玻璃镜，由于它是易碎物品，小朋友们一定要在爸爸妈妈的陪同下做，避免受伤。

实验目的： 了解太阳光和反射光的概念。

实验准备： 一块不透明玻璃镜。

实验过程：

1. 在太阳光下，拿出不透明玻璃镜。

2. 将不透明玻璃镜的镜面对准太阳，然后缓慢地旋转移动玻璃镜，始终保持太阳倒映在玻璃镜中。

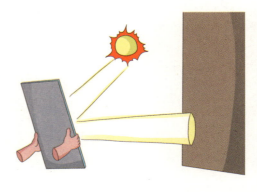

3. 将玻璃镜移动对准墙面，会发现镜面中会发出一道光倒映在墙壁上，这便是太阳光照进镜面后的反射光。

物理原理：

光的反射，是指光在传播到不同物质时，在分界面上改变传播方向又返回原来物质中的现象。光遇到绝对黑体以外的任何物体表面，都会发生反射。

方块爱生活

光的反射与两种介质的折射率、入射角度、光的波长等有关。相同条件下，不透明的玻璃镜可以比透明的玻璃镜更好地反射太阳光。

红桃讲故事

太阳神阿波罗的故事

太阳神阿波罗是天神宙斯和女神勒托的孩子。神后赫拉由于妒忌宙斯和勒托的相爱，残酷地迫害勒托，致使她四处流浪。后来总算有一个浮岛德罗斯收留了勒托，她在岛上艰难地生下了太阳神和月神。

听闻此事的赫拉就派巨蟒皮托前去杀害勒托母子，但没有成功。到了后来，勒托母子交了好运，赫拉不再与他们为敌，他们又回到众神行列之中，阿波罗为替母报仇，就用他那百发百中的神箭射死了给人类带来无限灾难的巨蟒皮托，为民除了害。

阿波罗在杀死巨蟒后十分得意，甚至在遇见小爱神厄洛斯时，傲慢地讥讽他的小箭没有威力。由于愤怒，小爱神厄洛斯用一枝燃着恋爱火焰的箭射中了阿波罗，同时又用一枝能驱散爱情火花的箭射中了仙女达佛涅，想要让他们两个陷

入痛苦中去。

　　由于中了小爱神厄洛斯的爱之箭，阿波罗开始狂热地追求仙女达佛涅。为了逃避这种疯狂的追求，仙女达佛涅请求父亲把自己变成月桂树，想要让阿波罗打消对自己的爱慕之情。

　　却不料，即使变成月桂树，阿波罗仍对仙女达佛涅痴情不已，这让达佛涅十分感动。于是，从那以后，阿波罗就把月桂作为饰物，桂冠成了胜利与荣誉的象征。每天黎明，太阳神阿波罗都会登上太阳金车，拉着缰绳，高举神鞭，巡视大地，给人类送来光明和温暖，所以，人们把太阳看作是光明和生命的象征。

1. 反射光线与入射光线、法线在同一平面上。

2. 反射光线和入射光线分居在法线的两侧。

3. 在光的反射现象中，光路是可逆的。

下课铃响了

声音因物体振动而产生，可以在空气中向各个方向传播。真空不能传声。

声音是怎么产生的呢？ >>>
为什么平静的湖面没有声音，流动的水有响声呢？

　　炎炎夏日，最惬意的事情莫过于在教室里吹空调了，就在同学们一边吹着空调一边画着图画时，一阵清脆的铃声终止了这堂惬意的美术课。

　　"唉！"看了眼贴在课桌上的课程表后，方块忍不住叹了一口气。

　　"方块，你怎么了，为什么唉声叹气的？"红桃一边从课桌里拿出运动服，一边纳闷地问。

　　"还能为什么呀？下节课就是体育课了，这么大的太阳，去操场上上体育课，光是想想就让人头皮发麻！"方块抱着脑袋趴到课桌上，一副百无聊赖的模样。

　　"不是吧，方块，你平时不是最喜欢上体育课了吗，今天这是

怎么了？"红桃说完，一把拉起方块的胳膊，准备拉着他一起去上体育课。

"平时是平时，可今天天气这么热，我感觉自己出去就会变成烤乳猪的……不行不行，今天的体育课我要请假，我要请假！"

说着，方块猛的一下挣脱了红桃的手，想要赖在座位上不动。

看到方块不想去上体育课，红桃吓唬道："方块，难道你就不怕老师点名吗？到时候让班主任知道你旷课了，肯定会请你家长来学校呢……"

听到这里，方块突然感到一阵后背发凉，心里不由自主地想：没错，红桃说得没错！要是让班主任知道我旷课了，可能又要找家长，到时候爸爸妈妈肯定会教育我，那我又得被他们的唠叨给整晕了……

"那好吧！"方块权衡利弊后，慢悠悠地站起来，准备去上体育课。

然而，当他刚一走到教室门口，就被教室外的一股热流给冲回来了，"哎呀！好烫啊！今天怎么这热啊，这温度要是出去，肯定会被烤成小乳猪的……不行不行，你别再劝我了，今天我不去上体育课了，要是老师问起我，你就说我肚子痛，去卫生间一会儿就来……反正老师也不会清点人数，等他发现的时候早就下课了！"

"丁零零——"

知识拓展　发声体可以是固体、液体和气体。振动停止，发声停止，但声音并没立即消失，因为原来发出的声音仍在继续传播。

就在这时，上体育课的铃声突然响起，看到方块还是执意不去上课，红桃只好转身独自去上体育课。

　　看到同学们都跑去操场上体育课，方块为了不让老师发现自己独自一人留在教室里，便偷偷跑去学校的阅览室，在里边找了个最舒服的位置，开始津津有味地看起天文书。

智慧问答

　　声音是如何产生的？
　　声音是由物体的振动产生的，比如人靠声带振动发声，风声是空气振动发声，管乐器靠里面的空气柱振动发声，弦乐器靠弦振动发声，鼓靠鼓面振动发声，钟靠钟壁振动发声等。

　　时间一分一秒地过去，方块的眼皮慢慢变得沉重起来，脑袋不由自主地埋到书本里，舒服地睡着了。

　　正当方块梦见自己在空调房里吃着雪糕看着动漫时，耳边突然传来一阵清脆的铃声。

　　"丁零零——"

　　"哎呀！"这阵铃声着实把方块吓了一跳，他一个不小心，整个人从椅子上掉了下来，屁股狠狠地摔在了地上，"哎哟，我的屁股……这铃声是故意的吧，怎么听上去比上课铃声更加响亮呢？难道是在刻意提醒我该回教室了吗？"

　　方块一边嘟嘟囔囔地抱怨着，一边起身摸了摸屁股，然后开心地说："哈哈，一堂惬意的体育课就这样结束了，现在，我该回教室和同学们团聚了！"

　　说完，方块便大摇大摆地朝教室走去。

　　"方块，你跑哪去了？"刚一看到方块，红桃就着急地问，"你知道自己有多幸运吗？刚才那节体育课老师临时去开会了，所以同学们是在操场自由活动的，压根就没点名……"

　　"那是当然！正所谓吉人自有天相嘛！"方块听了，得意扬扬地说。

　　"不过，方块，你这是去哪儿了？怎么现在才回来呢？而且，你掐点掐得好准，体育课刚一结束，你就出现了……"红桃问道。

　　"我是听到了下课铃声……不得不说，这铃声真是个好东西，在校园里不论多远都能听到……哎，红桃，你有没有想过，学校里的铃铛为什么会发出丁零零的声音呢？而且它为什么能传到校园的各个角落？"

　　"这个嘛……"红桃摸了摸脑袋说，"我还真没想过，平时光顾着听上下课的铃声了！"

　　"哈哈没事，我也就是突然想起才问的……总之，这铃声真是个好东西！"方块笑着说。

　　"铃铛之所以会发出响声，是因为振动。物体振动时会产生声波，声波通过空气、液体以及固体等介质，传到人的耳朵里，人就听到声音了……"方块和红桃身后突然传来学霸梅花的说话声，"声音以声波的

形式振动传播，最初发出振动的物体叫声源。"

"哇！"方块和红桃忍不住赞叹起来，"梅花，你知道的还真多！"

"那是当然！"梅花高傲地说，"我还知道你刚刚逃了一节体育课。这种行为是我最不能容忍的，所以我已经告诉班主任了，马上他就会找你谈话了！"

听到这里，方块整个人突然不好了，他想跟梅花理论，但转念一想，自己逃课确实是有错，只好去找班主任承认错误了。

会发出声音的绳子

声音是如何产生的呢？动物和人会发出声音，汽车、电视也会发出声音，就连普通的绳子也会发出声音，小朋友，你们相信吗？快来和我们一起做实验吧！

安全提示：本实验需在爸爸妈妈的陪同下完成，实验过程中要注意安全。

实验目的：了解声音产生的物理原理。

实验准备：一根细且坚韧的绳子，一个有两个孔的大纽扣。

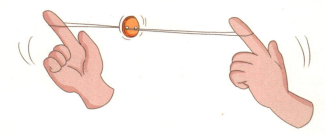

实验过程：

1. 把绳子穿过纽扣孔，在末端打结，把纽扣放在绳子中间。

2. 把纽扣两端的绳子，各自套在两只手的食指上，转动纽扣几次，向内或向外转皆可，但要保持同一方向。

3. 当绳子绕成一团时，两手往两边分开，把绳子拉紧，然后将手收拢再分开。

4. 拉紧、分开交互进行，直到绳子解开为止。纽扣转得很快，并会扭转到相反方向，这个过程中会听到"嗡嗡"的声音。

物理原理：

纽扣的快速旋转带动了周围空气的振动，由此产生了"嗡嗡"的声音。

方块
爱生活

静止的铃铛不会发出响声，摇晃的铃铛就会发出清脆的铃声。

红桃
讲故事

芝麻跳舞

小朋友，你们见过会跳舞的芝麻吗？只要你唱歌，小小的芝麻就会舞动起来，为你的歌声伴舞呢！

首先，去掉易拉罐的盖子，然后用胶水把透明玻璃纸贴在罐子上。切记，这个时候绝对不可以用胶带，一定要用胶水。接着，我们用手指蘸水抹在透明玻璃纸上，水干了之后玻璃纸就会变得紧绷而平滑。接下来，把贴了透明玻璃纸的罐子倒转

过来，放入几粒芝麻，然后用双手捧住罐子的两侧，对着玻璃纸上的芝麻唱歌，这时，原本静止不动的芝麻，居然会欢快地跳起舞来。

芝麻为什么会跳舞呢？这是由于在唱歌时，喉咙里的声带产生了振动，并通过空气传到纸片上，从而使玻璃纸产生振动，由此带动芝麻跳舞了。

1. 一切声音都是由于物体的振动而产生的。

2. 振动的物体就会发出声音。发出声音的物体称为声源。

3. 声音的振动可记录下来，并且可重新还原，比如唱片的制作、播放。

凿壁偷光

光的直线传播是指光在同种均匀介质中沿直线传播。
光在空气中可以沿着直线传播。

歪博士爱提问

光在空气中是如何传播的？ >>>
晚上，为什么汽车的远光看上去是一道直线呢？

这周末，语文老师布置的作业是阅读成语故事《凿壁偷光》，并写一篇读后感，重点说说自己从中学到了什么。

方块特意跑到红桃家，准备和他一起完成作业。

"咚咚咚——"

"红桃，快开门！"方块一手拿着课本，一手拎着一大袋零食，兴冲冲地喊："我是方块！"

红桃打开门后，还没等开口，方块便急匆匆地朝他书房走去，"红桃，快点快点！把你的读后感拿出来让我借鉴借鉴，我实在是没有头绪了！"

"可是我还没开始写呢！"红桃跟在方块身后说。

"啊？不会吧，你不是一向对学习很积极吗，怎么这次这么拖沓呢？"方块一边翻着红桃的作业本，一边疑惑地问。

"最近隔壁邻居家的小孩会来找我辅导功课，所以耽误写作业了，这不，我正准备开始写呢！"红桃有点儿不好意思地摸摸头说。

"不错呀，红桃，你都变成小小辅导老师了！"方块兴奋又带点儿调皮地说，"那今天，就请红桃小老师辅导辅导我的功课吧！"

"方块，你别拿我开心了！"红桃笑着说。

"我可没拿你开心，我是说真的……"方块一脸愁容地说，"老师要求读后感要写得别出心裁，可我看了好几遍凿壁偷光的故事，就是想不出什么与众不同的感悟……啊……作业实在是太难了！"

说着，方块皱紧了眉头。

"方块，那我们再看一遍凿壁偷光的故事，然后讨论讨论，看看能找出什么独特的角度？"红桃建议道。

"好呀好呀！"方块托着腮一动不动地说，"不过，红桃，今天天气这么热，这一路走来我实在是太累了，所以……要不你读一遍故事，我认真听你读，读完以后我们俩再讨论……"

看到方块懒洋洋的模样，红桃摇了摇头说："那好吧，我开始读啦……"

不一会儿，红桃就声情并茂地读完了。

"红桃，你说要是没有那束光，故事里的主人公匡衡是不是就不能读书了！"思考了一会儿后，方块开口问道。

"那是当然了，晚上天那么黑，没有光的话就什么也看不见了！"红桃说。

"可是……为什么隔壁的光就能通过墙壁上的一个小孔穿过来

呢？"方块歪着脑袋继续问，"那么小的一点儿小孔，怎么能透过来光线呢？"

 光在同一种均匀介质中沿直线传播。光在真空中也能传播。

听到方块的问题，红桃突然伸手拍了下脑袋，露出一副恍然大悟的神情，"哎呀，我怎么就没想到呢？方块，我们可以从那束穿过墙壁的光入手呀……方块，你真的是太棒了！"

然而，此时方块却是蒙的，忍不住开口问："红桃，我哪里棒了？我怎么不明白你的意思呢？"

"没事，方块，等我们到了歪博士那里，你就会明白了！"

说完，红桃便带着方块一起去智慧屋找歪博士了。

智慧问答

光在不同介质中的传播速度是多少？

光在真空中传播最快，为 $3×10^8$m/s=$3×10^5$km/s；光在空气中的传播速度比在真空中慢，但可近似为 $3×10^8$m/s；光在固体中传播最慢。

见到歪博士后，红桃赶忙拿出课本，示意博士看凿壁偷光的故事，然后一脸期待地问："博士，为什么光线可以透过墙壁上的一个小孔穿过来呢？这个故事说的是真的吗？"

听到这里，方块总算明白了红桃的意思，于是赶忙追问道："没错，歪博士，我也想问这个问题，您快告诉我们答案吧！"

听了方块和红桃的问题，歪博士笑了笑说："你们两个小家伙，真是无事不登三宝殿呀，我还以为这么个大热天，你们是给我送好吃的来了呢！"

"博士，您快回答我们的问题，等您回答完我们的问题，好吃的就会有了！"方块一边催促着歪博士，一边举起手里拎着的零食袋，笑嘻嘻地说，"这个袋子里可是装满了好吃的，都是博士平时爱吃的哟！"

"哈哈哈，你们两个小机灵鬼！"歪博士高兴地说，"你们的问题很简单，那束光之所以能穿过墙壁上的小孔，其实是因为光在空气中是沿直线传播的，不信我做个实验给你们看！"

话音刚落，歪博士就转身去做"小孔成像"的实验了。

认认真真地看完歪博士的实验后，方块和红桃终于明白了其中的道理，两个人兴奋地相互击掌，异口同声地喊道："原来是这样啊！"

因为有了歪博士的解释和实验说明，方块和红桃理解了光在空气中沿直线传播的道理，两个人也转换视角，写出了两篇观点独特的读后感。

语文老师读完后，对他们俩勤于动脑的习惯表示了赞赏，并号召其他同学向他们学习，这可把两个人高兴坏了！

我爱做实验

小孔成像

小小的圆孔，真的可以透过光线吗？小朋友们，让我们一起来做一个实验，看看小孔是如何成像的吧！

安全提示：本实验要用到火，小朋友们一定要在爸爸妈妈的陪同下进行，避免引起火灾。

实验目的：了解光在空气中沿直线传播的特性。

实验准备：准备一个易拉罐、一支蜡烛、一张保鲜膜。

实验过程：

1. 去掉易拉罐顶部，并在其底面钻一个小孔。

2. 将保鲜膜平整地铺在易拉罐顶部。

3. 点燃蜡烛，使其立于桌面。

4. 将小孔对准蜡烛火苗，在用保鲜膜制作的光屏上看见火苗倒立的影像，实验成功。

物理原理：

如图：本体ab，上部点a的光线沿着直线通过前方一个小孔

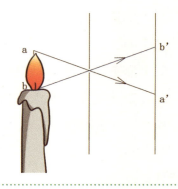

之后映在成像物体上只能在成像处的下方点 a' 点处，同理 b 点成像在 b' 处。所以成像 b'a' 就是 ab 的倒立像。

方块爱生活

在黑暗中打开手电筒，会发现光呈直线传播。

红桃讲故事

日食与月食

除了小孔成像，日食与月食也是光在空气中沿直线传播的典型例证。

日食，又叫作日蚀，当月球运动到太阳和地球中间，如果三者正好处在一条直线时，月球就会挡住太阳射向地球的光，月球身后的黑影正好落到地球上，这时发生日食现象。需要注意的是，当月亮运行到太阳和地球中间时，并不是每次都会发

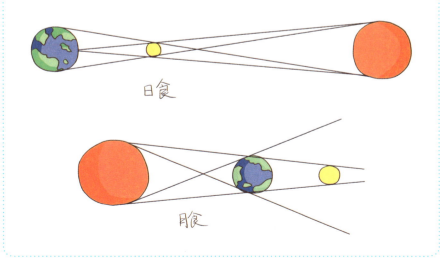

日食

月食

生日食，因为发生日食需要满足两个条件：第一，日食总是发生在朔日（农历初一），当然，这并不意味着所有朔日必定发生日食，因为月球运行的轨道和地球运行的轨道并不在一个平面上；第二，太阳和月球都移到白道和黄道的交点附近，太阳离交点处有一定的角度。

月食是一种特殊的天文现象，指当月球运行至地球的阴影部分时，在月球和地球之间的地区会因为太阳光被地球所遮蔽，此时的太阳、地球、月球恰好（或几乎）在同一条直线上，我们可以看到月亮缺了一块，这就是所谓的月食。月食可分为月偏食、月全食及半影月食三种。当月球只有部分进入地球的本影时，就会出现月偏食；当地球和月球的中心大致在同一条直线上，月球就会完全进入地球的本影，而产生月全食；如果月球始终只有部分被地球本影遮住时，即只有部分地球的本影，就发生月偏食。

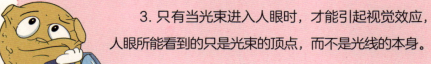

1. 小孔成像时，像的形状与物相似，与孔的形状无关。

2. 小孔减小时，像变得清晰，但亮度减小。

3. 只有当光束进入人眼时，才能引起视觉效应，人眼所能看到的只是光束的顶点，而不是光线的本身。

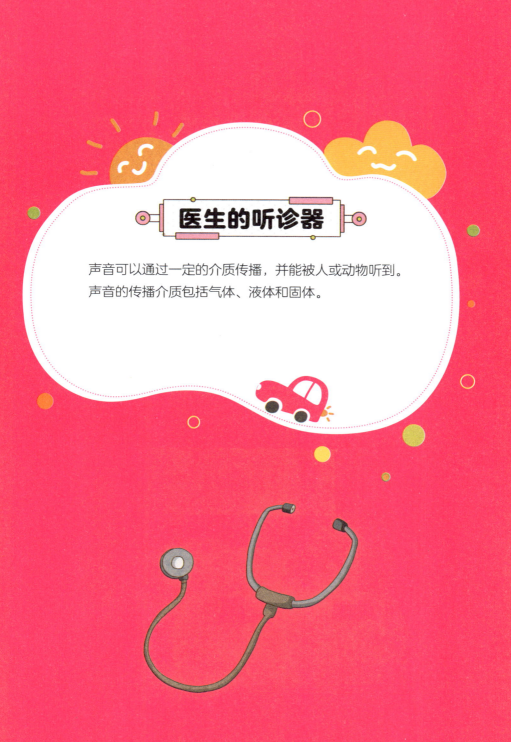

医生的听诊器

声音可以通过一定的介质传播，并能被人或动物听到。声音的传播介质包括气体、液体和固体。

歪博士爱提问

为什么在岸边说话时，水中的鱼儿会逃跑呢？ >>>
为什么将闹钟装进塑料袋，还能听到响声呢？

周一下午，方块所在的班级正在上自习课。

正当同学们静悄悄地学习时，教室里突然传来一声惨叫："哎呀！"

大家纷纷循声望去，原来是方块抱着脑袋，痛苦地趴在桌子上。

"方块，你怎么了？"看到方块一副难受的样子，红桃赶忙关心地问。

"红桃，我的头好痛啊……身体就像钻进了冰箱一样，好冷啊，好冷……"说着，方块不由自主地抱紧自己的身体，整个人蜷缩在椅子上。

看到方块如此难受的样子，一向沉稳冷静的梅花突然开口："不行，

看样子他现在难受极了，我们得赶快送他去校医务室，同时也要告诉班主任……"

　　说着，梅花便示意红桃，让他和自己一起用劲儿将方块搀扶起来，然后朝校医务室走去。

　　就这样，腿脚发麻、四肢无力的方块，两只胳膊搭在红桃和梅花的肩膀上，被他们俩扶着去了校医务室。

　　来到校医务室后，红桃和梅花缓缓地将方块扶到里边的病床上，然后等待医生过来检查。

　　"红桃，我留在这里陪方块，你赶快去找班主任，告诉他方块不舒服来校医务室了。"梅花一脸镇定地对红桃说。

　　"好的，我这就去找班主任。"说完，红桃便转身跑开了。

　　很快，穿着白大褂的医生出现了，当方块看到他后，原本就很难受的身体，因为突然的紧张和害怕变得更加难受起来。

　　"医生，我这是怎么了？我是不是得重病了？为什么我这么难受啊？"方块忐忑不安地问。

　　"方块，你别紧张，医生会做出正确的判断。你放松一点儿！"看到方块有些紧张，梅花连忙在一旁安慰道："你别说话，也别乱动，等医生做完检查就知道了！"

　　有声音，物体一定振动，有振动，不一定能听见声音。

　　经过一番仔细检查后，医生诊断方块是患了感冒，吃点儿药就好了。医生转身去给方块开药的时候，原本痛苦不堪的方块突然觉得身体一下子便轻松了，没有之前那么难受了，于是慢慢地从床上坐起来。

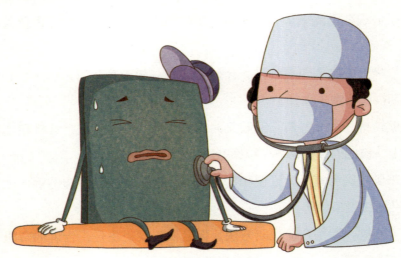

"方块，你还是乖乖地在这里躺着休息一会儿吧！"梅花建议。

"没事，梅花，我感觉好多了……"说着，方块一把拿起医生放在桌子上的听诊器，开始仔细地打量起来，"这个听诊器看上去很好玩的样子……梅花，你刚刚有没有看到，那个医生拿着它在我胸前听来听去，好像真的能听到声音似的……我感觉自己的病就是这个听诊器治好的！"

听了方块的话，梅花差点儿笑出声来："方块，你是不是病糊涂了！这是医生的听诊器，是专门用来听人体内的声音的，是用来看病的，而不是用来治病的……而且，医生的药还没拿来呢，你的病怎么就好了呢？"

"那听诊器为什么可以听到我身体里的声音呢？难道它里边装了窃听器？"方块好奇地问。

"这个嘛……"梅花一下子被方块给问蒙了，"哎呀，方块你赶快躺好休息，别问这么多为什么了！"

看到梅花有些不知所措的样子，方块忍不住笑道："哈哈，梅花，原来你这个大学霸也有不懂的知识啊……哈哈，要不我们放学后去找歪博

士吧，他肯定知道为什么！"

放学后，再次变得生龙活虎的方块，左手拉着梅花，右手拉着红桃，飞快地朝智慧屋跑去。

刚一走进智慧屋，方块便迫不及待地大喊起来："歪博士……歪博士……"

"来了来了……"歪博士穿着实验服走了出来，"方块，你们怎么来了……看时间这才刚放学，你们不回家来我这里干什么呀？"

"歪博士，我有问题问您……"方块拉着歪博士的胳膊，一副撒娇的语气说，"歪博士，为什么听诊器可以听到身体里边的声音呀？"

"哈哈哈，原来你们是来问我问题的呀，我还以为你们是想我这个老头子了呢！"歪博士故意笑着说。

"当然想您了！"方块赶忙附和道，"因为想您，所以才跑来问您问题的嘛！"

"这个问题嘛……其实是和声音的传播有关，我们都知道声音可以在空气中传播，但除了空气，声音还可以在固体和液体中传播，比如铁、水等，它们都是声音传播的介质，有了这些介质的帮助，声音就可以以声波的形式传播，并被我们的耳朵听到！"

智慧问答

声音的传播速度是多少？

声音在不同介质中的传播速度不同，一般来说，在固体中传播速度快，在气体中传播速度慢，而且传播速度还与温度有关：在15℃空气中的传播速度是340m/s；如果在25℃，声音在空气中的传播速度是346m/s。真空不能传声。

"我明白了！"方块听后激动得拍手大叫，"原来是这样啊，我还以为那个医生的听诊器里装了窃听器呢……哈哈哈……"

听了方块的话，大家忍不住哈哈大笑起来。

水球魔音

在气球内灌上水，它就能清晰地给你传音，听起来好像水球自己在发出奇怪的声音。小朋友们，你们想试一试吗？

安全提示：实验中注意安全。

实验目的：明白声音可以在气体、液体和固体中传播。

实验准备：一只气球、水、两根细线。

实验过程：

1. 将一只气球的吹嘴套进水龙头，慢慢地注入水。

2. 当这只气球差不多大时，停止注水，用细线将口扎好。

3. 将水球放在桌上，将耳朵贴着水球。

4. 用手指弹叩桌面，仔细倾听弹叩声音，会听见水球里传出奇妙的声音。

物理原理：

声波可以在气体、液体和固体中传播。

方块爱生活

晚上的声音传播得要比白天远，是因为白天声音在传播的过程中，遇到了上升的热空气，从而把声音快速折射到了空中；晚上冷空气下降，声音会沉到地表慢慢传播，不容易发生折射。

红桃讲故事

水气球和空气球的声音

小朋友，我们都知道声音在不同的介质中传播的速度是不同的，如果我们在两个气球里分别装上水和空气，那它们发出的声音会有何不同呢？让我们赶快来试试吧！

首先，我们吹起一个气球，不要吹得太大，然后用细线系好吹嘴。接着，我们把另一个气球的吹嘴套在水龙头上，向里边灌水，快满时停止灌水，然后用细线绑好吹嘴。接下来，我

们把这两个气球平放在桌子上，将耳朵依次分别贴在两个气球上，用手指敲桌子，这时，你会发现，那个装着水的气球里传出的声音更清晰、更响亮。

哈哈，小朋友们，你们知道这是为什么吗？其实呀，平时，我们能够听到声音，是因为物体的振动引起了空气的振动，振动的空气又振动了我们耳朵的鼓膜，然后才听到声音。声音的传播需要介质，空气和水都是最常见的介质。空气中含有很多细微的分子，而分子之间又有着一定的间隔，但是水分子之间的间隔，比空气中分子间的间隔要小得多，因此，放有水的气球传送声波的振动相对更容易一些，传到我们耳朵里的声音也更清晰。

1. 声音的传播需要一定的介质，这种介质可以是空气、水、固体。

2. 声音在不同的介质中传播的速度是不同的。

3. 声音的传播也与温度、阻力有关。

有趣的皮影戏

　　光沿直线传播，但当光遇到另一种介质时，其传播方向就会发生改变。

　　当行进中的光被阻挡时，就形成了阻挡物的阴影。

歪博士爱提问

当光遇到物体，会发生什么现象呢？ >>>
为什么说"一叶障目，不见森林"呢？

美好的周末来了，方块和红桃相约去歪博士的智慧屋玩。歪博士的智慧屋正在大扫除，为了不让方块和红桃扫兴，歪博士决定带着他们去游乐园玩。

"歪博士，你真的要带我们去游乐园玩吗？"方块纳闷地问，"平时你总是躲在智慧屋里做实验，几乎不出门，怎么今天愿意出门了，而且还是去游乐园呢？"

"哈哈哈，我虽然喜欢待在智慧屋里做实验，但我可不是个书呆子哦！"歪博士摸了摸方块的脑袋说，"听说今天游乐园里有《大闹天宫》的皮影戏，那可是我很小的时候看过的皮影戏呢，一晃时间都过了这么久了，我还真想再去看看呢！"

一听到有皮影戏，而且还是孙悟空大闹天宫，方块兴奋极了，他赶忙一把拉住歪博士的手，激动地说："歪博士，那还等什么，我们赶快出发吧！"

"好好好！我们这就出发！"

眨眼工夫，大家就来到了游乐园，此时的游乐园早已游人如织，售票处也排起了长龙。

看到这人山人海的阵势，方块的心里不由得打起退堂鼓来，但是一想到皮影戏，他又说服自己：千万不能错过这出好戏！

于是，顶着炎炎烈日，方块、红桃和歪博士在经历了半小时的排队买票后，终于如愿以偿地进到了游乐园里。

"哈……哈……哈……"由于天气太热，加上长时间暴露在阳光下，方块都快脱水了，他像小哈巴狗似的张大了嘴巴，一口接一口地喘着粗气。

"方块，你没事吧？"红桃担心地问。

"没……没事……"方块喘着粗气，"我……我现在就想畅畅快快地喝一瓶可乐，最好是冰镇的……"

话音刚落，方块的眼前突然递过来一瓶冒着凉气的可乐，抬头一看，原来是歪博士给大家买了冰镇可乐。

"哇，是可乐！"方块激动地接过歪博士手里的可乐，兴奋得手舞足蹈起来，"太棒了，歪博士我真的是太喜欢你了！"

看到方块抱着可乐上蹿下跳的样子，红桃赶忙制止道："方块，你赶快停下来，难道你忘了之前博士给我们说过的压强吗？小心你的可乐喷出来！"

听了这话，方块赶忙停了下来，一动不动，小心翼翼地打开可乐瓶盖，然后舒舒服服地喝了起来。

成功解渴后，在歪博士的带领下，方块和红桃很快来到了表演皮影戏的地方。此时这里早就挤满了人，为了获得更好的观看体验，歪博士特意拿出自己研制的可变形座椅，让方块和红桃站在椅子上看。这样的高度，无论前边的人如何多，都不能阻挡方块和红桃的视线了。

锣鼓喧天中，幕布上出现了齐天大圣孙悟空的剪影，只见他手握金箍棒，在玉皇大帝的天宫里上蹿下跳，一会儿翻个跟头，一会儿跳上桌案，一刻也不消停，周围有李天王、哪吒、太上老君、太白金星等众多神仙的剪影，还有数不过来的天兵天将，每个人物的剪影都栩栩如生，简直就像真的一样！

欣赏完精彩有趣的皮影戏后，方块和红桃意犹未尽。方块突然想到一个问题，于是好奇地问："歪博士，为什么刚刚那些剪影可以出现在幕布上呢？"

知识拓展　　　　光由一种介质射向另一种介质时，一部分光返回原介质发生反射。

"哈哈，这是因为光线的反射呀！"歪博士笑道，"其实，皮影戏之所以存在，就是因为它巧妙地利用了光线的反射原理，当光照到剪影上，就会在幕布上留下暗影，也就能被我们看到了！"

智慧
问答

光的反射定律是什么？

反射光线与入射光线、法线在同一个平面上；

反射光线与入射光线分居法线两侧；反射角等于入射角。一切光的反射光遵循光的反射定律。

"原来如此！"方块若有所思地点了点头，然后激动地说，"歪博士，这个是不是也是因为光的反射原理呢？"

说完，方块伸出双手，将两只手握在一起，然后朝空中摆出一个造型，只见地面上投影出一个小兔子的影子。

"没错！"歪博士笑着说，"还有个更有意思的例子，那就是我们穿的皮鞋，在皮鞋表面有许多毛孔，不是很光滑。当有灰尘附在表面时，皮鞋就失去了光泽，涂上鞋油仔细用布擦一擦，皮鞋就变得又亮又好看了，你们知道这是为什么吗？"

"我不知道！"方块摇了摇脑袋。

"应该还是和光的反射有关系……"红桃想了想说。

"是的！由于皮鞋的表面有灰尘不光滑，光射向鞋表面后发生漫反射，这样皮鞋就失去了光泽；涂上鞋油后，鞋油的微小颗粒能填充到鞋面的毛孔中，用布仔细擦拭，使鞋油涂抹得更均匀，鞋面就变得十分光滑，光射向鞋面后会发生镜面反射，皮鞋看起来就更光亮更好看了。"说完，歪博士特意伸出自己的脚，向方块和红桃展示了下脚上那双锃亮的皮鞋。

平面镜成像规律

小朋友,你们知道物体在平面镜里成的是正立的虚像,并且像和物体大小相等吗?下面就来和我们一起做做实验吧!

安全提示:本实验要用到火,要在爸爸妈妈的陪同下做,避免引起火灾。

实验目的:了解平面成像的原理。

实验准备:两支完全相同的蜡烛、普通透明玻璃片、玻璃板支架、光屏、笔、直尺、火柴、一张白纸、玻璃胶。

实验过程:

1. 在透明玻璃边涂上适量的玻璃胶,将其固定在玻璃板支架的正中间(要保证两玻璃面的垂直)。

2. 接着在透明玻璃的两侧放置蜡烛(两根蜡烛要确保在同一直线上)。

3. 多次移动并测量两根蜡烛与透明玻璃之间的距离,记录下来。

4. 做好实验后收拾器材,根据所得数据分析研究。

物理原理:

平面镜成像的特点是正立、等大、虚像、等距、垂直。

方块
爱生活

把筷子插入装有水的杯子中，从视觉上可以看到筷子是被折断的。

红桃
讲故事

海市蜃楼

海市蜃楼，又称蜃景，是一种因为光的折射和全反射而形成的自然现象，是地球上物体反射的光经大气折射而形成的虚像。比如，在平静的海面、大江江面、湖面、雪原、沙漠或戈壁等地方，偶尔会在空中或"地下"出现高大的楼台、城郭、树木等幻景，这便是海市蜃楼，其本质上是一种光学现象。

海市蜃楼的出现与地理位置、地球物理条件以及那些地方在特定时间的气象特点有密切联系，其特点是同一地点重复出现和出现的时间一致。例如，在我国山东蓬莱海面上就常出现

海市蜃楼的景象。

作为一种光学现象，海市蜃楼的成因是由于沙质或石质地表的热空气上升，使得光线在沿直线方向密度不同的气层中，经过折射造成的结果。根据海市蜃楼出现的位置相对于原物的方位，可以将其分为上蜃、下蜃和侧蜃；根据它与原物的对称关系，可以分为正蜃、侧蜃、顺蜃和反蜃；根据颜色可以分为彩色蜃景和非彩色蜃景等。

海市蜃楼有两个特点：一是在同一地点重复出现，比如美国的阿拉斯加上空经常会出现蜃景；二是出现的时间一致，比如我国蓬莱的蜃景大多出现于每年的5-6月份，俄罗斯齐姆连斯克附近蜃景往往是在春天出现，而美国阿拉斯加的蜃景一般是在6月20日以后的20天内出现。

1. 光遇到水面、玻璃以及其他许多物体的表面都会发生反射。

2. 光的吸收在许多科学技术中有广泛应用。

3. 在光的反射现象中，光路是可逆的。

变小的鼓声

在传播过程中，当声音通过介质后，其大小（声调）是可以变化的。

声调，是指声音的高低升降变化。

声音的大小是一成不变的吗？ >>>
为什么耳朵听到的声音有时大有时小呢？

听说歪博士的智慧屋里添了不少新奇的玩意，这不，趁着周末的时间，方块和红桃相约去歪博士家做客。

刚走进智慧屋，方块和红桃就被眼前奇形怪状的仪器给吸引了。

"天呐！这都是些什么仪器啊？"方块一边摸着自己的脑袋，一边由衷地感叹道，"歪博士，你的智慧屋都快变成仪器博物馆了！"

听到这个评价，歪博士笑着从堆满仪器的会客厅里走出来，"哈哈，方块、红桃，欢迎你们来我家做客……不过呢，今天我恐怕没时间招待你们了，正如你们所看到的，接下来我要做的事情就是整理这些新到的仪器……"

"歪博士，我和方块可以帮您一起整理，这样速度还能快一点儿……"红桃主动提议道。

"是啊，歪博士，众人拾柴火焰高，三个人行动总比你一个人快！"方块打趣地说。

看到方块和红桃如此积极地想要帮助自己，歪博士赶忙摆手说："不不不……我一个人整理就行了……要知道，这些仪器是我好不容易买来的，而且你们也不熟悉它们，不晓得如何整理归纳，所以呢……你们还是在一旁看我整理吧！"

说完，歪博士便示意智慧1号，让它带着方块和红桃去二楼休息，然后自己走进摆满仪器的会客厅，开始忙碌起来。

来到二楼后，方块和红桃四处打量了一下，很快便找到了各自心仪

的东西。

　　"哈哈，没想到歪博士家里还会有架子鼓，这实在是太酷了，我今天就要化身爵士小乐手，来场架子鼓秀！"说完，方块便冲到架子鼓前，开始摇头晃脑地敲打了起来。

　　相比兴奋的方块，红桃则安安静静地从歪博士的书架上拿起了几本科幻杂志，然后坐在懒人沙发上看了起来。

　　　　声音的传播需要介质，固体、液体和气体都可以传播声音。

　　只不过，由于方块敲打架子鼓的声音实在太大了，红桃根本没办法静下心来看书。

　　"方块，你能不能小点声，我想看会书呢！"红桃有些无奈地说。

　　"红桃，我可没办法小声哦，要知道，架子鼓玩的就是尽兴，不用力打根本听不出效果……"方块一边说，一边继续兴奋地敲打着，"红

桃，要不你去楼上吧，反正博士家房子大，咱们分开玩吧！"

"那好吧！"看到方块一点儿也不想降低音量，红桃只好拿着书去楼上了。

就这样，时间慢慢过去，终于到了吃晚饭的时候了。

此时，打了一个多小时架子鼓的方块，早就饥肠辘辘了，肚子里时不时传出"咕噜"声，于是到楼下来找歪博士。

"哎，红桃，你怎么也下来了？"看到红桃早已坐在餐桌边吃面包，方块赶忙走过去说，"刚刚你在楼上没有被吵到吧？"

"没有，楼上安静多了，我已经把那几本杂志看完了！"红桃心满意足地说。

"歪博士，看来你家的隔音效果很不错嘛，架子鼓声音那么大都没吵到楼上去……"方块笑着对歪博士说。

听了方块的话，歪博士笑了起来："哈哈哈……方块，其实不是我家的隔音效果好，而是因为声音在通过物质后，会发生变化，也就是能量发生变化了，由机械能转化成了内能。"

智慧问答

为什么飞机的噪声在晴天听起来较短促而轻，在阴天较长而深沉？

这是由于阴天云层较多，云层能把向上扩散的噪声反射回地面，因此，飞机的噪声就比晴天久。又由于阴天云层较潮湿，水蒸气的传声速度比干空气快，声音传播时所损失的能量较少，故飞机噪声也传得较清晰。

"这是什么意思呢？"方块和红桃异口同声地问。

"比如刚才你敲打架子鼓，鼓振动产生机械能，而鼓的振动也带动了空气中的粒子振动，同时鼓的机械能转化成空气粒子的机械能，然后传播出去。在这个转换的过程中，鼓的机械能转换成空气粒子的机械能和部分很少的空气粒子的内能，距离越远，转换的内能就越多，消耗的就越多，此时当人耳听到声音时，音量也就变小了，甚至听起来有些模糊了……等到打鼓的能量随声音的传播全部消耗转换成空气中粒子的内能时，你就几乎听不到鼓声了！"

"原来是这样啊！"方块听后，惊讶地说，"没想到声音的传播这么有趣呢！"

变化的声音

声音真的可以变化吗？小朋友们，让我们一起来做个有趣的实验吧！

安全提示： 实验中注意安全。

实验目的: 了解声音在遇到障碍物时的反射现象。

实验准备: 玻璃圆筒、平面镜、三合板、金属板、海绵、手表。

实验过程:

1. 在玻璃圆筒底部垫上一块海绵,海绵上放一块手表,耳朵靠近玻璃圆筒正上方,保持适当距离,能清晰地听见手表声。

2. 当耳朵离开玻璃圆筒口竖直方向后,则听不见手表声。

3. 在玻璃圆筒口处安放一块平面镜,改变平面镜角度直到从镜面里能看到表像时,固定平面镜的角度。耳朵又能清晰地听见表声了,这说明声音能像光一样反射。

4. 用三合板、金属板、海绵板代替平面镜做实验,比较听见的声音的强弱。

物理原理:

声音在通过不同的物质时,会发生一定的反射,并且不同材料反射声音和吸收声音的能力不同。

 **方块爱生活**

用纸杯传声,和平时说话的声音会有所不同;用海绵球传声,声音会变得更小。

欢叫的小鸟

小朋友们。你们喜欢听鸟儿的叫声吗？鸟儿的叫声清脆悦耳，听了让人心情舒畅，你们试过模仿鸟儿的叫声吗？下面就让我们一起来变身成欢叫的小鸟吧！

首先，把一个纸杯倒过来，在底部中央部位用小刀划一个边长为 1cm 的三角形小孔，然后将吸管平放在杯底上，吸管口正对着三角形小孔的一角，并用胶带固定好吸管。接着，用胶带把两个纸杯口对口地粘在一起，密封严实，向吸管中吹气，这时，耳边就会传来欢快的鸟叫声了。

小朋友们，你们知道这是什么原理吗？其实，这是典型的共鸣箱，将两只纸杯粘在一起，等于制造了一个封闭的共

鸣箱，借着吸管将空气通过三角形的小孔，传入杯内，杯内的空气受到振动形成声波，而声波在封闭的空间内能产生共鸣，声音强度变大，传出来的声音也就变大了。

1. 声音的大小并不是一成不变的。

2. 声音在固体中传播时损耗最少，在固体中传得最远，如铁轨传声。

　　3. 一般情况下，声音在固体中传得最快，在气体中最慢（软木除外）。

夏令营的礼物

　　光的反射是指光在传播到不同物质时，会改变传播方向又返回原来物质中的现象。

　　当行进中的光遇到物体时，就会产生反射，或被吸收。

歪博士爱提问

什么是光的反射现象？ >>>
白天，电脑对着窗户时，为什么看不清电脑屏幕？

暑假马上就要来临了，为了丰富学生们的假期生活，学校特意举办了为期一周的夏令营活动。

眼看出发的日子就要到了，歪博士特意为方块、红桃和梅花准备了几份小礼物。这不，此刻，方块、红桃和梅花三人在接到歪博士的电话后，便先后来到智慧屋。

"歪博士，您说要给我们惊喜，是什么惊喜呀？赶快拿出来让我们看看吧！"方块一边四处打量着歪博士的智慧屋，一边迫不及待地问，"是不是最新款的变形金刚模型啊……天哪，如果真的是，那这个惊喜也太大了吧！"

"方块，别这么没礼貌！无论歪博士准备了什么，我们都应该心存感激，而不是在这里挑三拣四！"梅花一本正经地对方块说。

"嘚嘚嘚……"方块朝梅花做了个鬼脸，然后就跑到歪博士身边，

抱着他的胳膊撒娇："歪博士，你快把惊喜拿出来吧！"

"好好好！你们稍等一下！"歪博士笑着说，"智慧 1 号，把我准备的惊喜拿出来！"

"收到！"智慧 1 号说完转身进屋了。

很快，只见智慧 1 号抱着三个包装精美的礼盒出来了。

知识拓展

太阳镜不仅可以阻挡让人感到不舒服的强光，同时还能保护我们的眼睛免受紫外线的伤害。太阳镜之所以能做到这一点，是因为它的特殊材质能在光线射入的同时，对其进行"选择"。

"喏，孩子们，这就是我为你们准备的惊喜，快打开看看吧！"歪博士将三个礼盒依次递到方块、红桃和梅花的手里。

"谢谢歪博士！"红桃和梅花接过礼物后，有礼貌地道谢。

而此时，方块按捺不住内心的好奇和激动，已经将礼盒的包装撕开了。

"哎？太阳镜？"方块从礼盒里拿出一副太阳镜，一脸问号地扭头看向歪博士，"歪博士，这就是您准备的惊喜？"

智慧问答

在光的反射定律中，为什么先表达反射光线反射角。

光的反射定律有一定逻辑因果关系：先有入射，后有反射。表达时不能把"反射角等于入射角"说成"入射角等于反射角"，因为反射角等于入射角的意思是"反射角

随着入射角的变化而变化"，若倒过来说意思就反了，不符合逻辑因果关系。通俗点来说，假如我们把入射光线想象成母亲，把反射光线想象成女儿，一般人们会说女儿像母亲，但几乎不会有人说母亲像女儿。

"对呀！你们不是要去参加夏令营了嘛，这个太阳镜你们肯定用得上，它既能遮挡令人不舒服的强光，还可以保护眼睛免受紫外线的伤害，特别是紫外线很强的时候！"歪博士说。

"歪博士，这个礼物太棒了！"梅花一边欣赏手里的太阳镜，一边赞叹道，"我之前在书上看到过，太阳镜其实是利用了光的折射原理。"

"没错！"歪博士朝梅花竖起大拇指赞叹道，"在太阳镜的镜片里，有一种金属粉末过滤装置，能在光线射入时对其进行选择，减轻紫外线对眼睛的影响。"

听了歪博士的一番解释，原本有些失落的方块这才觉得高兴了点儿，于是他调皮地说："歪博士，想不到你这次还这么用心呢！谢谢您的礼物……不过呢，下次如果有机会的话，我还是希望您可以送我变形金刚模型……"

"哈哈哈，好！等你过生日的时候，我一定让你梦想成真！"歪博士笑道。

我爱做实验

变化的光线

光线真的可以发生变化吗？快来和我们一起做个实验吧！

安全提示：实验中注意安全。

实验目的：了解光的反射和折射。

实验准备：长方形硬纸盒、墨汁、镜子、玻璃、蚊香、手电筒、黑布或黑纸。

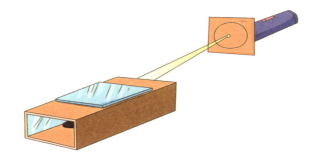

实验过程：

1. 在长方形硬纸盒一侧盒端近中心处，开一个直径约10mm的孔，盒内壁用墨汁涂黑。

2. 在盒内壁两侧各固定一面镜子（镜面相对），将蚊香安在蚊香架上，点燃后放入盒内，盒上面覆盖一块玻璃。

3. 将一张有一个直径 2mm 小孔的硬纸片遮在手电筒上，使手电筒射出的光呈一细束。使这束光从观察箱开口处与镜面成一角度射入箱内。

4. 从玻璃片向下观察，会看到光束在两镜面之间反射后呈 w 形折线传播，这说明光被反射了。改变光束入射的角度，折线角度随之发生变化，但入射角与反射角始终相等。

5. 在其中一镜面上覆一块黑布或黑纸，光束射到上面时，光路即中断，观察不到反射光，这说明光被吸收了。

物理原理：

光的反射是指光在传播到不同物质时，在分界面上改变传播方向又返回原来物质中的现象。光的吸收是指原子在光照下，会吸收光子的能量由低能态跃迁到高能态的现象。

光的反射定律：在反射现象中，反射光线、入射光线和法线都在同一个平面内，反射光线、入射光线分居在法线两侧，反射角等于入射角。

白天看清路，是因为路面反射太阳光；夜晚看见月亮，因为月亮反射太阳光；看到水中的倒影，是因为水反射太阳光；灯下看书，是因为纸能反射灯光。

红桃讲故事

眼镜的发明

罗杰·培根（1214～1294），英国具有唯物主义倾向的哲学家和自然科学家，著名的唯名论者，素有"奇异的博士"之称。培根曾提出用透镜校正视力和用透镜组成望远镜的可能性，并发明了眼镜。

在13世纪中期，培根看到许多人因视力不好，不能看清书上的文字，于是就想发明一种工具来帮助人们提高视力。他为此想了很多办法，做了不少试验，但都没有成功。

一天，下完雨后，培根来到花园散步，看到蜘蛛网上沾了不少雨珠，他发现透过雨珠看树叶，叶脉放大了不少，连树叶上细细的毛都能看得见。他看到这个现象，高兴极了。培根立即跑回家中，翻箱倒柜，找到了一颗玻璃球。但透过玻璃球，看书上的文字，还是模糊不清。他又找来一块金刚石与锤子，将玻璃割出一块，拿着这块玻璃靠近书一看，文字果然放大

了，培根欣喜若狂。后来他又找来一块木片，挖出一个圆洞，将玻璃球片装上去，再安上一根柄，便于手拿，这样人们阅读写字就方便多了。

后来，这种镜片经过不断改进，成了现在人们戴的眼镜，比如青少年用的近视镜与老年人戴的老花镜，还有其他各种用途的眼镜，因为培根的发明，视力不好的人们的学习和工作方便多了。

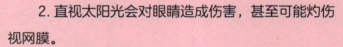

1. 光的反射分为镜面反射和漫反射。

2. 直视太阳光会对眼睛造成伤害，甚至可能灼伤视网膜。

3. 太阳镜可以阻挡强光，吸收组成太阳光线的部分波段。

听得到的回声

当声波从一种媒质入射到声学特性不同的另一种媒质时，有两种媒质的分界面处将发生反射，使入射声波的一部分能量返回第一种媒质。

愉快的暑期夏令营正在如火如荼地进行，方块和同学们每天都会参加各种户外活动，并走到大自然里去感受生命的气息。

这一天，老师组织同学们进行分组户外活动，方块、红桃和梅花被分在一组，任务是去寻找与众不同的植物。

"这里放眼望去，全都是绿油油的植物，怎么才能一眼找到最与众不同的植物呢？"方块一边跟着红桃和梅花向前走，一边有些泄气地抱怨道。

"方块，我们刚开始找，你怎么就打起退堂鼓了呢？"红桃有些不高兴。

"是啊，俗话说万事开头难，你这个样子，还怎么往下继续寻找呢？"梅花紧跟着说。

看到红桃和梅花开始攻击自己，方块只好赶紧迈大步往前走去："好了好了，赶紧找吧！"

就这样，方块、红桃和梅花走了很久，一路上东看看西瞧瞧，仔细寻找着那与众不同的植物。

然而，由于四周全是绿色植物，极具诱惑性和混淆性，加上长时间的步行，三个小伙伴的体力已经有些不支了。

"哎呀不行了！不行了！"方块气喘吁吁地一屁股坐到地上，对红桃和梅花说，"我走不动了，我们休息一会儿吧！"

"那好吧！我们休息一下再继续寻找！"梅花说。

"这样下去可不是办法！"红桃打量着四周说，"我们得赶快想个办法，不然找到天黑都找不到了！"

一听到这话，原本正在捶腿的方块，突然站起来，双手放在嘴边，朝着对面的高山大喊一声："赐予我力量吧！"

知识拓展

声音在传播过程中，遇到障碍物被反射回来，再传入人的耳朵里，人耳听到的反射回来的声音叫回声。如高山的回声、夏天雷声轰鸣不绝、北京天坛的回音壁等。

原本，方块只是想大喊发泄一下，却没想到，他刚一喊完，对面的山谷里突然紧跟着传来一阵清晰的回声："赐予我力量吧！力量吧！"

方块吓坏了，赶忙躲到红桃身后，声音颤抖地说："这里不会有妖怪吧？"

"哈哈哈……方块，你平时不是胆子挺大的嘛，怎么这会儿竟被自

己的回声给吓到了呢？"红桃忍俊不禁地说。

"啊？这是我的回声？！"方块一脸疑惑地问。

听见回声的条件有哪些？

原声与回声之间的时间间隔在 0.1s 以上，教室里听不见老师说话的回声，狭小房间声音变大是因为原声与回声重合。

"对啊，难道你听不出自己的声音吗？"梅花说，"声音传播到某些物体的界面处，会因为物质的阻挡而发生反射。"

"没错，比如你刚才对着大山呼喊，声音就会被反射回来！"红桃跟着补充道。

"原来如此！"方块恍然大悟，接着他便又对着大山呼喊了几句。

"方块，难道你之前没听到过自己的回声？"梅花一脸惊讶地问道。

"没有没有！我可从来没遇见过这么有趣的现象呢！"方块激动地

说，接着又扭头看向梅花，疑惑地问，"梅花，你一向知道得多，那你能说说回声是怎么一回事吗？"

"这个简单！"梅花摆出一副自信满满的样子说，"按照物理学的解释，当声音投射到距离声源有一段距离的大面积物质上时，声能的一部分被吸收，而另一部分声能要反射回来，如果听者听到由声源直接发来的声和由反射回来声音的时间间隔超过十分之一秒，就能分辨出两个声音，这种反射回来的声叫'回声'。"

"哇，梅花，你真的太厉害了！"方块一脸羡慕。

"没你说得那么夸张啦！"面对方块的热情崇拜，梅花突然感到有些不好意思，于是赶忙补充道，"这些都是我从书上看到的……而且，在动物界，蝙蝠就是利用回声来飞行的动物，它们可聪明呢！"

"哈哈，这个我知道！"方块开心地笑了，"我在《动物百科全书》上看到过！"

一番休憩后，三个小伙伴继续踏上寻找之旅，虽然过程比较累，但好在他们最终坚持了下来，并成功找到了一株罕见的四叶草，这实在是太幸运了！

我爱做实验

弹回来的声音

声音可以弹回来吗？小朋友，让我们一起来做个实验吧！

安全提示：实验过程中注意安全，请勿用手触摸装置，室内环境应该安静，以免影响实验效果。

实验目的：理解声音的反射。

实验准备： 两个长20cm的硬纸筒、一块手表、一个可调节支架、一块玻璃板、一块木板、一块泡塑板。

实验过程：

1. 将其中一个硬纸筒一端开口，一端内部固定手表。

2. 另一个硬纸筒两端都开口，将两个筒安装在一个可调的支架上，纸筒固定手表的一端放在左边上方。

3. 将左右两筒轴线之间的夹角调为90°，把玻璃板放在木架的平台上，耳朵贴近右边纸筒的上口，即可听到手表的"嘀嗒"声。

4. 去掉玻璃板换上木板，声音明显减弱。当放上泡塑板时，就听不到声音了。说明：玻璃板对声音的反射性能最好、木板次之，泡塑板最差。

5. 改变两筒轴线之间的夹角大小，声音大小有明显的变化。说明：物体表面反射声音的大小与接收者的角度有关。

物理原理：

声音在传播中，遇到障碍物时会产生反射和吸收现象。

医生利用 B 超或彩超，可以根据人体内的回声来准确地获得和疾病有关的信息。

声音跑到哪里去了

在我们周围有各种各样的声音，虽然我们看不到声音，但是能听到它们。我们听到的各种各样的声音，是否也能像弹簧那样被弹来弹去呢？答案即将揭晓！

首先，将两张硬纸分别卷成两个纸筒，然后把纸筒排成八字形放在水平桌面上。接着，将手表放在其中一个纸筒的一个开口，并将耳朵放在另一个纸筒的一个开口处，然后看能不能听到手表的"嘀嗒"声。接下来，在纸筒的开口连接处再放一本书，然后再听听看，是否能听到手表的"嘀嗒"声。

对比可知，当没有放书的时候，是听不到手表的声音的；

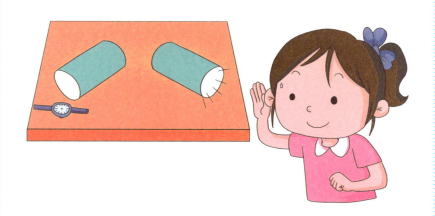

而当放书以后，就能清楚地听到手表的"嘀嗒"声了。

这是为什么呢？

原来声音是以声波的形式在空气中传播的，声音的响度是由声波的能量决定的，能量越多，声音就越大。散发出去的声音越多，声波里余下的能量越少，耳朵就越难听到声音。如果在纸筒开口连接处后边立一本书，就可以把传播到四面八方的声波挡住，并且把大部分的声波反射回来。有的反射声波会弹回纸筒，然后传到耳朵中。保留下来的能量越大，听起来声音也就越大。

1. 坚硬、光滑的物体表面对声音有明显的反射作用。

2. 柔软、粗糙、多孔的物体表面能吸收声音。

放大镜和望远镜

光的传播方向并不是一成不变的。
当光从空气进入玻璃或水时，光的传播方向会改变。

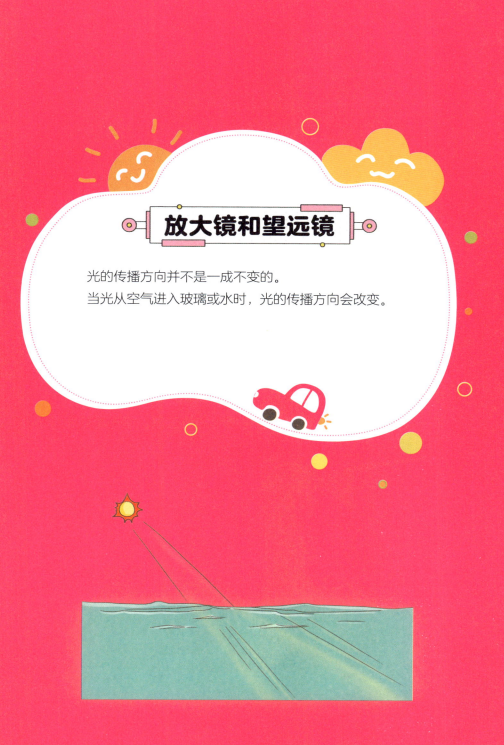

歪博士爱提问

眼睛看到的事物是真实的吗？ >>>
为什么清澈见底的池水看起来比实际的要浅？

"丁零零——"

晚上，红桃正在家里看动画片，突然收到方块的电话。

"喂，红桃，你在家吗？"电话那头传来方块的声音。

"在的！"

"那你赶快出门，我们一起去歪博士家吧！"方块兴奋地说，"刚刚歪博士打电话说他自制了两个好玩儿的玩意，想邀请我们过去参观呢！"

"真的吗？那太好了，我马上出门！"

挂了电话，红桃便飞快地穿好衣服，然后出门了。

不一会儿，方块和红桃来到了歪博士的智慧屋。刚一看到歪博士，

两个人就异口同声地问："歪博士，您想让我们看的好东西是什么呀？赶快拿出来让我们看看吧！"

"哈哈，少安毋躁！"歪博士拿出早已准备好的糖果和饼干，邀请方块和红桃坐下来品尝，然后微笑着说，"你们先吃点儿零食，我这就让智慧1号拿过来！"

说完，歪博士转身对智慧1号说："智慧1号，把我的放大镜和望远镜拿过来！"

"收到！"

智慧1号收到指令后，转身去实验室了。

"放大镜？"方块失望地问道。

"望远镜？"红桃紧跟着问道，这有什么新奇？

知识拓展

　　放大镜是用来观察物体微小细节的简单目视光学器件，是焦距比眼的明视距离小得多的会聚透镜。望远镜是一种利用透镜或反射镜以及其他光学器件观测遥远物体的光学仪器。

"没错！不过，是我亲自制作的放大镜和望远镜，保证是你们从未见过的！"歪博士故作神秘地说。

很快，智慧1号抱着一个小盒子来到客厅，歪博士走过去，从里边拿出了两个如同手机一般的机器，然后转身对方块和红桃说："孩子们，看！这就是我自制的放大镜和望远镜。"

"歪博士，您是在逗我们吧……这不是两台手机嘛，怎么能是放大镜和望远镜呢？"看着歪博士手里的东西，方块一副不敢相信的模样。

"是啊，歪博士！"红桃跟着说。

"你们不相信……哈哈，没关系，接下来就让你们的眼睛来说服你们吧！"说完，歪博士将那两台如同手机般的机器分别交到方块和红桃手里，"方块，你拿的这台机器是放大镜，不信的话，你翻开桌上的这本书看看，里边的字是用肉眼看不到的……"

听了歪博士的话，方块赶忙翻开书，然后举起手里的机器一看，"哇塞，这真的是放大镜啊！这些字我看得很清晰！"

"下面该你了，红桃！你拿的是望远镜，现在天色刚好黑了，你可以试着看看美丽的星空！"歪博士对红桃说。

"好的，博士！"说完，红桃赶忙举起手里的机器，开始朝黑漆漆的天空看去。

"哇！星空实在是太美了，我看到北斗七星了，还有猎户座……哇！这比平时肉眼看到的要清晰得多啊，感觉我好像就在它们跟前似的！"红桃兴奋地喊道。

听到这里，方块赶忙冲过来，一把抢过红桃手里的望远镜，开始欣

赏美丽的星空。

"歪博士，您也太厉害了吧！居然自己会做放大镜和望远镜，这实在是太神奇了！"方块激动得连连称赞。

望远镜有哪些作用？

望远镜的第一个作用是放大远处物体的张角，使人眼能看清张角更小的细节。望远镜的第二个作用是把物镜收集到的比瞳孔直径（最大8mm）粗得多的光束送入人眼，使观测者能看到原来看不到的暗弱物体。

"哈哈，其实，放大镜和望远镜都是利用了光学原理，只要我们好好掌握了光学知识，就能理解这两种机器的奇妙之处了！"

方块和红桃实在是太喜欢歪博士的这两项发明了！

我爱做实验

被折射的光

小朋友，你们觉得沿直线传播的光会变化传播路径吗？不如和我们一起做个实验吧！

安全提示：玻璃要轻拿轻放，不要弄碎；使用激光笔不要始终亮着。

实验目的：探究光的折射的特点。

实验准备：玻璃砖、印有量角器的白纸、激光笔。

实验过程：

1. 将玻璃砖放在印有量角器的白纸上。

2. 用激光笔射出一束光，以某一角度射到玻璃砖的空气的界面上，注意观察进入到玻璃砖内部的折射光线的位置，比较折射角和入射角的大小。

3. 改变入射角的大小，重做两次实验。

4. 用一束光沿法线方向垂直射向玻璃砖，观察折射光线的方向。

5. 总结出光的折射的特点。

物理原理：

光的折射是指光从一种介质斜射入另一种介质时，传播方向发生改变，从而使光线在不同介质的交界处发生偏折。

光从空气斜射入水或其他介质中时，折射光线向法线方向偏折，折射角小于入射角。当入射角增大时，折射角也增大；当入射角减小时，折射角也减小。

光的折射与光的反射一样都是发生在两种介质的交界处，只是反射光返回原介质中，而折射光线则进入到另一种介质中。由于光在两种不同的物质里传播速度不同，故在两种介质的交界处传播方向发生变化，这就是光的折射。

方块爱生活

在水里用桨划船，船桨放进水里，看上去就好像船桨是断的一样。

红桃
讲故事

光和光的折射

光从一种介质斜射入另一种介质时，传播方向发生改变，从而使光线在不同介质的交界处发生偏折。理解：光的折射与光的反射一样都是发生在两种介质的交界处，只是反射光返回原介质中，而折射光线则进入到另一种介质中。由于光在两种不同的物质里的传播速度不同，故在两种介质的交界处传播方向发生变化，这就是光的折射。

光的折射发生在两种介质的交界处，由于光在两种不同的物质里传播速度不同，故在两种介质的交界处传播方向发生变化，这就是光的折射。在折射现象中，光路是可逆的。

关于光的折射现象，有许多著名的研究理论和成果，比如：

克莱门德和托勒玫不仅研究了光的折射现象，而且最先测

定了光通过两种介质分界面时的入射角和折射角。

阿拉伯的马斯拉来、埃及的阿尔哈金认为光线来自被观察的物体，而光是以球面波的形式从光源发出的，反射线与入射线共面且入射面垂直于界面。

欧几里德在《光学》中，研究了平面镜成像问题，指出反射角等于入射角的反射定律。

1. 光从一种介质直射入另一种介质时，传播方向不变。

2. 光从一种介质斜射入另一种介质时，传播方向发生偏折。

3. 在折射中，光路可逆。

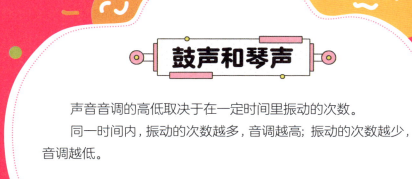

鼓声和琴声

声音音调的高低取决于在一定时间里振动的次数。

同一时间内，振动的次数越多，音调越高；振动的次数越少，音调越低。

什么是声音的音调？
音调受什么影响？ >>>

一年一度的音乐节马上就要到了，方块和红桃报名参加器乐类演奏的项目，一个负责打鼓，一个负责弹琴。这些日子，方块和红桃总会趁着放学的时间聚在一起练习。

"方块，你的鼓打得太用力了，声音这么大，完全把我的琴声给压住了！"练习了一会后，红桃终于忍不住开口了，"这几天你总是这个样子！"

"但是，如果我不用力打鼓的话，鼓声根本就出不来，这样的演奏又有什么意义呢？"方块一脸无辜地反驳道。

"那你换位思考一下呀！我的琴声被你的鼓声压住了，没有琴声的演奏又有什么意义呢？"说完，红桃有些生气地背过身去，不愿再继续

练习了。

方块想了想，主动认错："红桃，你别生气了，是我不对，我不该那么大声地打鼓……要不这一次我小点儿劲，我们再试一次……"

从物理学角度讲，物体做有规则振动发出的声音叫作乐音。声音的高低叫音调，频率越高，音调越高。声音的强弱叫响度；物体振幅越大，响度越强。听者距发声者越远，响度越弱。

看到方块主动求和，红桃也不好再闹脾气，于是转过身来，调整好情绪，开始和方块配合演奏。

虽然这次演奏能听到红桃的琴声了，但因为方块打鼓的劲儿变小了，所以鼓声听上去并不是很明显，整首乐曲听上去并不是很好听。

演奏练习再次被迫中止，方块和红桃一脸茫然地看着彼此，不知道该怎么办。方块突然想到了歪博士，眼睛一亮，兴奋地对红桃说："红桃，有办法了！"

"什么办法？"红桃好奇地问。

"我们可以去找歪博士呀！他那里有那么多发明，而且他那么聪明，肯定会想到办法的！"方块胸有成竹地说。

"那我们赶快去吧！"

于是，方块和红桃便朝歪博士的智慧屋出发了。

刚一见到歪博士，还没来得及打招呼，方块便迫不及待地将自己和红桃遇到的麻烦告诉了他。

"歪博士，您快帮我们想想办法吧！"方块和红桃齐声求助。

"哈哈，看来你们是真遇到麻烦了！"歪博士笑着说，"其实，你们的合奏之所以不和谐，主要原因是你们的乐器音调不在一个频率上，要想合奏和谐，就必须找到乐器的振动频率，然后对准音调，这样才能演奏出优美的音乐！"

智慧问答

什么是频率？

频率是单位时间内完成周期性变化的次数，是描述周期运动频繁程度的量，常用符号 f 或 ν 表示，单位为秒分之一，符号为 S^{-1}。为了纪念德国物理学家赫兹的贡献，人们把频率的单位命名为赫兹，简称"赫"，符号为 Hz。每个物体都有由它本身性质决定的与振幅无关的频率，叫作固有频率。

"频率？"方块听后，一脸疑惑地问，"这是什么东西呀？"

"频率是一个比较广泛的物理概念，不仅在力学、声学中应用，

在电磁学、光学与无线电技术中也常使用。"歪博士耐心地解释道，"我刚刚所说的频率，特指声学层面的频率，也可以称之为声频……我们都知道，声音是机械振动产生的能够穿越处于各种物态的物质。我们听到的声音是一种有一定频率的声波，人耳听觉的频率范围约为 20 ~ 20000Hz，超出这个范围的就不为我们人耳所察觉。声音的频率越高，则声音的音调越高；声音的频率越低，则声音的音调越低。"

"歪博士，那我们具体该怎么做呢？"红桃小心翼翼地问。

"是啊，歪博士，快帮我们想想办法吧！"方块跟着央求道。

"别急！"歪博士笑着说，"要想合奏得好，你们就要找准各自乐器的声频，然后相互演奏找到一个最合适最舒服的声频位置，既不刺耳也不模糊，这样演奏出来的乐曲，绝对是天籁之音。"

说完，歪博士便利用家里的乐器，向方块和红桃演示了如何演奏才能让音调的频率变得和谐。有了歪博士的指点，方块和红桃很快解决了合奏中遇到的问题，合作变得更加和谐顺畅，对于即将到来的音乐节，他们俩信心满满。

我爱做实验

响度实验

声音的音调是由什么决定的呢？小朋友们，让我们一起来做实验吧！

安全提示：发音齿轮轴上的螺帽必须拧紧，以防齿轮打滑影响实验效果，或被甩出伤人。

实验目的：了解音调高低与声源振动频率的关系，响度大

这就是科学

小与声源振幅的关系。

实验准备： 发音齿轮（齿数为 40、50、60、80）、转台、硬纸片、音叉（附共鸣箱）、音叉槌、吊在支架上的轻质小球。

实验过程：

1. 把发音齿轮固定在转台上，摇动转台，使齿轮匀速转动。

2. 再拿一块硬纸片接触其中一个齿轮的锯齿，纸片就振动起来，发出声音。

3. 改变转台的转速，可以听到纸片发出的声音音调也随着改变。转速越大，音调越高。

4. 保持齿轮的转速不变，用硬纸片接触不同的齿轮，纸片就发出不同音调的声音。

5. 齿轮的齿数越多，硬纸片和它接触时发出声音的音调就越高。

6. 将音叉插在共鸣箱上，将吊在支架上的轻质小球贴近音叉的一侧叉股。

7. 用音叉槌轻敲一下音叉，小球被推开的幅度不大，音叉发出的声音响度小；重敲一下音叉，小球被推开的幅度增大，音叉发出的声音响度增大。

物理原理：

声音的音调是由声源振动的频率决定的。频率越大，音调越高；频率越小，音调越低。声源振动的振幅越大，响度越大；振幅越小，响度越小。

方块爱生活

男女声不一样，同一首歌，可以用不同的音调唱，大部分的男生都是低音的，大部分女生都是高音的。

红桃讲故事

神奇的鼓声

在乐器家族里，鼓可以说是最古老的乐器之一。我国的鼓种类很多，大约有二十多个品种，六十多个规格。常见的有大鼓、铜鼓、手鼓、花鼓、腰鼓、缸鼓、铃鼓、书鼓和八角鼓等。各民族也有自己的鼓，朝鲜族和

瑶族有长鼓，傣族有象脚鼓，藏族和维吾尔族有手鼓，苗族有铜鼓等。

远在上古时代，我们勤劳的祖先在会说话唱歌的同时，就开始用鼓来表达自己的思想感情了。传说，我们的祖先发现枯树干和实心树干有完全不同的声音，并且发现中空物有增大音量的共鸣作用，于是便用空心树干蒙以皮和动物做成了木鼓，供娱乐时敲打。到了汉朝，不仅有大小、形状、质地、装饰不同的鼓，而且民间还出现了舞鼓乐。

在古代，鼓不仅是乐器，也不仅是驱逐猛兽的武器，而且还是军中必备之物。相传黄帝在征伐蚩尤的涿鹿之战中，曾九战九不胜，后受元女之教，造"夔牛鼓"八十面，一震五百里，连震三千里，以鼓声"象雷霆"大壮军威，最终成功擒杀了蚩尤。

汉朝初年，守卫边疆的军队也常会用鼓、钲、箫、笳等乐器，合奏一种乐曲，以壮军威，叫作"鼓吹"。此外，还有"鼓角"和"鼓噪"之分，前者指的是军队中用以报时、警众或发号施令的鼓声，后者指的是军队出战时擂鼓呐喊，大张声威的声音。

1. 声音振动的频率和物质的质量有关系。

2. 物质的质量越大，发出的声音越低；反之，发出的声音越高。

3. 适当调节高低音，可以发出悦耳的声音。

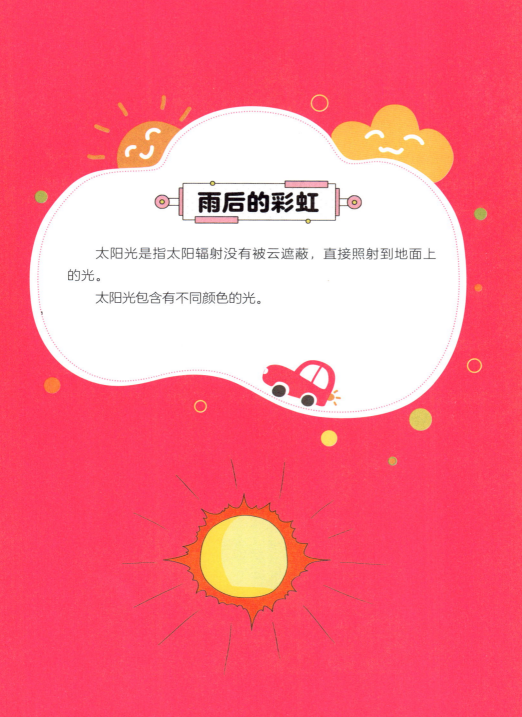

雨后的彩虹

　　太阳光是指太阳辐射没有被云遮蔽，直接照射到地面上的光。

　　太阳光包含有不同颜色的光。

歪博士爱提问

什么是彩虹？
为什么雨后会出现彩虹呢？ >>>

　　都说夏天的黄昏多雷雨，这话还真不假，这不，就在放学前十分钟，原本晴朗的天空，突然在一阵大风的裹挟下，变得乌云密布，很快就下了一场酣畅淋漓的雷阵雨。

　　"丁零零——"

　　伴随一阵清脆的铃声，一天的校园时光结束了，方块和伙伴们开心地收拾好书包，准备放学回家了。

　　"哇，雨后的空气还真清新！"走在回家的路上，方块背着书包使劲地吸了一口气，一脸欣喜地对红桃和梅花说。

　　"是啊！"红桃也跟着大吸了一口气，开心地说，"这场雷阵雨来得快去得也快，一会儿的工夫，就把大家浇了个透，你们看远处那座高

山，就像是山水画一般好看！"

"啊……此情此景，让我忍不住想要赋诗一首……"方块假模假样地说，好像他真的能出口成诗似的。

就在这时，一直默不作声的梅花突然开口，淡淡地说了句："那边有彩虹！"

彩虹是气象中的一种光学现象，当太阳光照射到半空中的水滴，光线被折射及反射，在天空中形成拱形的七彩光谱，由外圈至内圈呈红、橙、黄、绿、蓝、靛、紫七种颜色。

"哪边？哪边？"方块和红桃听到后，一边问一边着急地四处张望。

梅花伸手指了指西边的天空，只见一道弯弯的彩虹正挂在天空和山头之间，看上去就像连接天空和大地的一座七彩桥梁。

"哇！真的是彩虹！"方块忍不住伸出手，一边指着彩虹一边数道，"红橙黄绿蓝靛紫……还真是七种颜色……彩虹实在是太好看了，这七种颜色肯定是它从众多颜色中精心挑选出来的！"

"不是，"听了方块的话，一向高冷的梅花反驳道，"事实上彩虹有无数种颜色，比如，在红色和橙色之间还有许多种细微差别的颜色，但为了简便起见，所以人们只用七种颜色作为区别，也就是我们熟知的红橙黄绿蓝靛紫。"

"原来如此！我还以为彩虹真的就只有七种颜色呢！"方块恍然大悟。

"那为什么会在雨后出现彩虹呢？"红桃突然提问。

物体的颜色由什么决定？

透明物体由通过它的色光决定；不透明物体由它反射的色光决定。

即：透明物体反射与其不同色的所有色光，同色的光进入并通过；不透明物体只反射与其相同颜色的色光，其他色光都被其吸收。

"那是因为阳光射到空中接近球形的小水滴，造成色散及反射形成的。阳光射入水滴时会同时以不同角度入射，在水滴内也会以不同的角度反射。"梅花扶了扶自己的眼镜，说，"阳光进入水滴，先折射一次，然后在水滴的背面反射，最后离开水滴时再折射一次，总共经过两次折射、一次反射。因为水对光有色散的作用，不同波长的光的折射率有所不同，红光的折射率比蓝光小，而蓝光的偏向角度比红光大，所以我们

看见的彩虹，红色在最上方，其他颜色在下。"

"哇！梅花，你实在是太厉害了，居然知道这么多！"听完梅花的解释，方块和红桃情不自禁地称赞道。

"这些都是我在课外书上看到的，不算什么！"梅花不以为然地说。

"那你还是很厉害！"方块由衷地朝梅花竖起大拇指，然后高兴地说，"好啦！让我们一起追着彩虹回家吧！"

彩虹杯实验

美丽的彩虹真的可以手动做出吗？小朋友们，快和我们一起试试吧！

安全提示：本实验要用玻璃杯，小朋友要在爸爸妈妈的陪同下进行，避免受伤。

实验目的：了解彩虹的成因。

实验准备：适量的糖、热开水、6个纸杯、透明玻璃瓶、一根滴管、5~6种颜料或者色素。

实验过程：

1. 在6个杯子中都倒上相同量的热水，然后，在每杯水里放上不同的颜色颜料。

2. 按照顺序，把颜色排好，在不同的杯子里放入不同量的白糖。

3. 按照彩虹的颜色来排，所以是红、橙、黄、绿、蓝、紫，于是红色0勺白糖、橙色1勺、黄色2勺、绿色3勺、蓝色4勺、紫色5勺，为了避免混淆，在杯子上写好标记。

4. 把它们搅拌均匀，让白糖充分溶解。

5. 拿出准备好的玻璃杯，由糖分最多的那个颜色起，依次倒入颜色。

6. 用滴管将准备好的色素或颜料慢慢顺着杯壁往下滴，彩虹就出现了。

物理原理：

彩虹是生活中很常见的一种光学现象，在下雨后或者空气中含有许多微小的水滴，太阳光从不同的角度射入这些小水滴中，由于水滴的色散作用，使得太阳光在水滴中被分开，形成不同波长的光。这些不同波长的光的折射率有所不同，红光的折射率比蓝光小，而蓝光的偏向角度比红光大，所以人们看到的彩虹颜色都是红色最上面，接下来是橙、黄、绿、蓝、靛、紫。

方块
爱生活

彩虹最常在下午、雨后刚转天晴时出现，这时空气内尘埃少而充满小水滴，天空的一边因为仍有雨云而较暗。

红桃
讲故事

沈括和《梦溪笔谈》

沈括（1031 ~ 1095 年），北宋科学家，一生致力于科学研究，在众多学科领域都有很深的造诣和卓越的成就，被誉为"中国整部科学史中最卓越的人物"。其代表作《梦溪笔谈》是一部涉及古代中国自然科学、工艺技术及社会历史现象的综合性笔记体著作，在世界文化史上有着重要的地位，被英国科学史家李约瑟评价为"中国科学史上的里程碑"。

《梦溪笔谈》的内容主要涉及天文、数学、物理、化学、生物等各个门类学科，书中的自然科学部分，总结了中国古代，特别是北宋时期的科学成就。

在《梦溪笔谈》中，沈括论述了凹面镜、凸面镜成像的规

律，指出了测定凹面镜焦距的原理以及虹的成因，为后世的科学研究和发明奠定了基础。

1.水对光有色散的作用，不同波长的光的折射率有所不同。

2.彩虹和霓虹的高度不一样，颜色的层递顺序也正好反过来。

3.彩虹是光线经过两次折射一次反射，霓虹则是光线经过两次折射两次反射。

没有声音的麦克风

　　声能是以波的形式存在的一种能量，是介质中存在机械波时使媒介附加的能量。

　　声音携带的能量可以转换成其他形式的能量，其他形式的能量也可以转换成声能。

歪博士爱提问

麦克风的工作原理是什么？ >>>
为什么麦克风可以将我们的声音传出去呢？

为了给同学们普及科学知识，丰富大家的校园生活，学校特意邀请歪博士前来讲座，方块和红桃负责这次讲座的准备和接待工作。

一大早，方块和红桃就早早地来到演讲会场，检查前一天准备好的舞台、设备等，确保演讲开始后，一切万无一失。

"红桃，你说歪博士会不会在演讲的时候，向同学们介绍他那些奇奇怪怪的发明呀？"方块一边检查一边打趣地说，"比如他发明的泡泡机、胡须机、染色笔……"

"应该不会吧！今天的场合还是挺正式的，我想歪博士一定十分重视，不会像平常那样随性了。"红桃一边拿起桌上摆放好的麦克风，一边说。

　　"你说得也对！像歪博士那么爱面子的人，今天肯定会把自己打扮成一个满脑袋都是知识的科学老爷爷……哈哈，当然，歪博士本来就是满脑袋知识……而且我敢打赌，他今天一定会穿那件燕尾服出现……"方块笑道。

　　"哈哈，没错！我也觉得歪博士会穿那件燕尾服，因为他曾说过，那件衣服是他出席重要场合的神器！"说着，红桃打开麦克风，开始试音，"喂……喂……能听到吗？"

知识
拓展

　　麦克风是将声音信号转换为电信号的能量转换器件，有动圈式、电容式、驻极体和硅微传声器，此外还有液体传声器和激光传声器。

　　会场里很快便传来红桃嘹亮的回音。

　　"好啦，一切检查完毕，就等演讲开始啦！"听到麦克风工作正常，红桃心满意足地将它放在桌上。

　　结束演讲前的检查工作后，方块和红桃又忙着去会场门口准备即将开始的入场工作，耐心地指引着前来听讲的同学，让他们井然有序地坐到座位上。

　　"还有三分钟，演讲马上就要开始了！"红桃看了看手表，紧张地说。

　　"好的，我这就去暖场！"方块站起来，用手整理了下衣服，昂首挺胸地朝讲台上走去。上台后，方块拿起桌上的麦克风，略带紧张地朝早已就座完毕的同学们说："同学们，我们的演讲马上开始，请大家耐心等待一下！"

　　然而，话音刚落，台上的方块和台下的红桃就发现了一个重大问

这就是科学

题——麦克风没办法扩音，方块刚才说的话只有前几排的同学能听到，后边的同学压根听不到，眼看着演讲马上就要开始了，这可怎么办呢？

麦克风的工作原理是是什么？

大多数麦克风都是驻极体电容器麦克风，其工作原理是利用具有永久电荷隔离的聚合材料振动膜。

"备用麦克风！"红桃突然拍手大喊一声，"快去找备用麦克风！"

"但是时间来不及了，演讲马上就要开始了……"方块焦急地说。

就在这时，穿着燕尾服的歪博士已经来到讲台下，准备登台亮相了。

"歪博士，请等一下！"方块赶忙阻止道，"歪博士，我们遇到了点小麻烦……"

"怎么了？"歪博士笑着问，"难不成是麦克风坏了？"

"您怎么知道？"听了歪博士的话，方块和红桃诧异地问道。

歪博士笑着从身后拿出一支金灿灿的麦克风，"不要紧，就

算麦克风坏了也没事，因为呀……我早有准备，这是我最新发明的金嗓子麦克风，比普通的麦克风扩音效果更棒，而且还能自由控制传出去的声速，不信的话，你们就看我上台演讲的效果吧！"

说完，歪博士便拿着自己的金嗓子麦克风上台了。果然，就像歪博士说的那样，他的麦克风不仅扩音效果极好，而且还能控制声速和语调，台下的同学们全都被歪博士声情并茂的演讲吸引了。

演讲结束后，方块和红桃拿着那个坏掉的麦克风去找歪博士，想让他帮忙看看究竟是怎么回事。歪博士拿起那个坏掉的麦克风仔细看了一会儿，然后笑着说："这个麦克风的灵敏度不行了！"

"灵敏度？"方块和红桃异口同声地说。

"对，是灵敏度，它是麦克风的开路电压与作用在其膜片上的声压之比。"歪博士耐心地解释，"麦克风在声场会引起声场散射，所以灵敏度有两种定义：一种是实际作用于膜片上的声压，称为声压灵敏度；另一种是指麦克风未置入声场的声场声压，称为声场灵敏度，而它又可以分为自由场灵敏度和扩散场灵敏度。这个麦克风的灵敏度已经不行了，如果不修理一下，恐怕今后就不能再用了！"

"啊，那怎么办？"方块急得大喊道。

"没事，交给我吧！我拿回去修一修就好了！"歪博士笑着说。

"那太好了，谢谢歪博士！"方块和红桃赶忙拉住歪博士的手开心地说。

不到半天的时间，歪博士就把那个不出声音的麦克风修好了，更令人惊喜的是，歪博士还给这个麦克风设计了一个新功能——变声器。

"歪博士，用这个麦克风说话，真的可以变声吗？"方块一脸好奇地问。

"当然啦！"歪博士笑着说，然后就举起麦克风唱了起来，"我是

一个歌唱家……歌唱家……"

哇，没想到歪博士的声音居然变成了女高音，听上去就像是一位专业歌手在唱歌。

看到这个麦克风可以变声，孩子们全都兴奋起来，争先恐后地想要玩一玩麦克风变声呢！

简易麦克风

小朋友，当我们使用麦克风唱歌和讲话时，能把声音放大并传向远方，这是怎么做到的呢？赶快和我们一起来探索吧！

安全提示：本实验要用到剪刀，小朋友要在爸爸妈妈的陪同下完成，避免受伤。

实验目的：探究麦克风工作原理。

实验准备：三根铅笔芯（两根长的，一根短的）、导线、小纸盒、剪刀、电池、耳机。

实验过程：

1. 用剪刀剪掉小盒子上方的盒盖，用剪刀在纸盒的前后两端各钻两个小孔。

2. 用两根长铅笔芯穿进小孔，两根铅笔芯基本平行。

3. 把短铅笔芯横架在两根长铅笔芯上，这样，一个简易的

麦克风就做好了。

4. 把做好的麦克风同时接上导线和电池，并与准备好的耳机一起接起来，让你的朋友戴上耳机，你对着小纸盒说话，朋友在耳机里就可以听到你的声音了。

物理原理：

铅笔芯是由石墨做成的，石墨是导体，接上电池后就会有电流通过，当你对着纸盒说话的时候，纸盒底部就会振动。这样就会改变笔芯间的压力，使电流变得不均匀。电流的不稳定造成了耳机中声音的振动，这样就可以听到声音了。

和麦克风一样，喇叭也能用来扩音，大家赶快拿起喇叭试试吧。

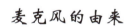

麦克风的由来

麦克风的历史可以追溯到19世纪末。当时，为了改进电话这一发明，以贝尔为首的科学家们正致力于寻找拾取声音的最好办法，经过反复研究和实验，他们最终发明了液体麦克风和碳粒麦克风，但这两种麦克风的收音效果并不理想。

1949年，威尼伯斯特实验室研制出MD4型麦克风，它能够在嘈杂环境中有效抑制声音回授，降低背景噪声，这就是世

界上第一款抑制反馈的降噪型麦克风。

　　1961 年，德国汉诺威的工业博览会上，森海塞尔推出了 MK102 型和 MK103 型麦克风。这两款麦克风诠释了一个全新的麦克风制造理念——RF 射频电容式，即采用小而薄的振动膜，具有体积小、重量轻的特点，同时能够保证出色的音质；另外，这种麦克风对于气候的影响具有很强的抗干扰性能，非常适用于一些温差极大的、气候恶劣的户外条件。

1. 麦克风采集声音的角度是各不相同的。

2. 心形麦克风可以从多个角度采集声音。

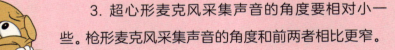

　　　3. 超心形麦克风采集声音的角度要相对小一些。枪形麦克风采集声音的角度和前两者相比更窄。

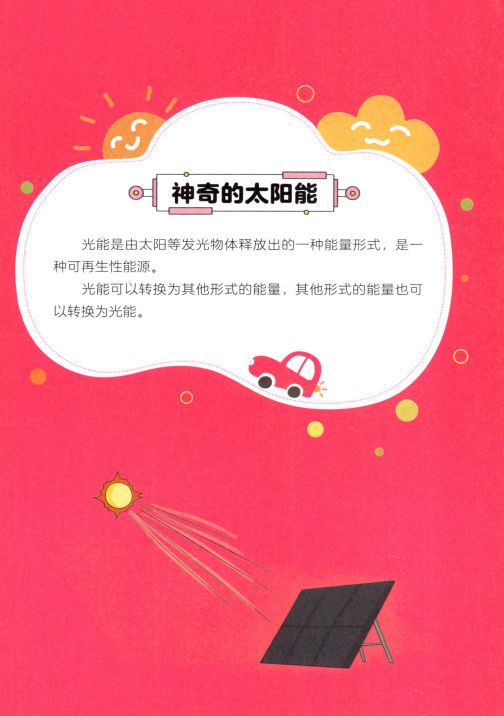

神奇的太阳能

　　光能是由太阳等发光物体释放出的一种能量形式，是一种可再生性能源。

　　光能可以转换为其他形式的能量，其他形式的能量也可以转换为光能。

 歪博士爱提问

什么是太阳能？ >>>
为什么太阳能热水器里能出热水呢？

最近，在方块生活的小镇旁边，新建了一座太阳能发电厂，歪博士担任了技术顾问。听到这个消息，方块就央求歪博士带他去参观。

歪博士拗不过方块，于是答应周末的时候，带他和红桃去参观那座太阳能发电厂。这不，此刻，他们一行人正走在这座太阳能发电厂的园区大道上。

"哇！这里实在是太气派了！"看着四周矗立的发电装置和建筑，方块对什么都感到新奇，甚至觉得自己的两只眼睛根本就看不过来。

"是啊，歪博士，这里边看上去就跟太空空间站似的……"红桃一边四处打量，一边赞叹道。

"哈哈，你们两个小家伙说得太夸张了！"歪博士哈哈大笑道。

"对了，歪博士，关于太阳能发电，我有好多问题正想请教您呢！"

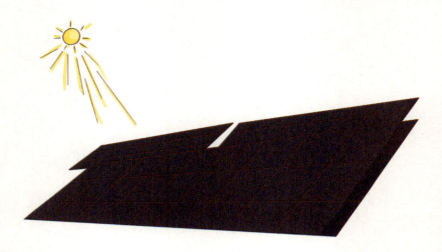

方块突然一拍脑门。

"什么问题？"歪博士笑着问道。

方块停下脚步，低头思考了一下，然后抬头问道："歪博士，什么是太阳能呢？什么又是太阳能发电呢？为什么太阳能可以发电呢……"

看到方块一连问了好几个问题，一旁的红桃赶忙劝道："方块，哪有你这么问问题的，你得一个一个问，不然歪博士怎么回答你呀！"

知识拓展

太阳能是由太阳内部氢原子发生聚变释放出巨大核能而产生的，来自太阳的辐射能量。

"没事的！这些问题我都记得住，难不倒我！"歪博士拍拍胸脯说，"其实，太阳能的能源是太阳中的氢原子核在超高温时聚变释放出来的巨大能量，人类所需的能量绝大部分都直接或间接地来自太阳。比如我们生活所需的煤炭、石油、天然气等化石燃料都是因为各种植物通过光合作用，从而把太阳能转变成化学能在植物体内贮存下来后，再由埋在地下的动植物经过漫长的地质年代形成。另外，太阳能还能转换为水能、风能、波浪能、海流能等。"

智慧问答

红外线的应用有哪些？

光谱中红光以外的是红外线，一切物体都可以辐射红外线，且温度越高辐射的红外线越强。

应用：红外线夜视仪、红外线测温仪、红外线烤箱（利用热效应特点）、电视遥控器（利用波长较长特点）。

"原来如此……那太阳能发电呢？"方块继续问道。

"太阳能发电就是指利用太阳能资源来产生电能的过程，它包括太阳能光发电和太阳能热发电。其中，太阳能光发电是指无需通过热过程直接将光能转变为电能的发电方式。"歪博士有条不紊地说，"太阳能热发电是指将太阳辐射能转换为电能的发电方式，也就是先将太阳能转化为热能，再将热能转化成电能。"

"想不到太阳能竟然有这么多用处，这实在是太神奇了！"红桃由衷地赞叹道。

"没错！"歪博士笑道，"除了直接获取太阳能外，人类还研制出了许多太阳能衍生产品……"

"比如？"方块好奇地问。

"比如太阳能集热、太阳能热水系统、太阳能暖房、太阳能无线监控等，"歪博士耐心地说，"其中，最早也是最广泛的太阳能应用便是太阳能热水系统。"

"这个我知道，太阳能热水，有了它才能洗热水澡呢！"方块激动地说。

"对呀，所以说太阳能真是个取之不尽用之不竭的资源宝库，它不仅给了我们光明，而且还给了我们无限的能源，所以，我们一定要好好爱护太阳才对！"歪博士笑着说。

"歪博士说得没错！"方块突然握紧拳头，一腔正气地说，"太阳是个宝，人人都说好！"

看到方块这副模样，歪博士和红桃都被他逗乐了。

自制太阳能热水器

太阳能热水器真的可以制造出热水吗？小朋友，不如让我们一起来做个实验看看吧！

安全提示：实验中注意安全。

实验目的：了解太阳能。

实验准备：铁盒、金属小罐、泡沫、反光板、胶布、黑颜料、玻璃纸。

实验过程：

1. 将铁盒、小罐、泡沫涂黑，这样能吸收更多的热。

2. 给泡沫挖个洞，正好能竖塞进小罐的3/5，小罐的2/5露在外面好接收阳光。

3. 把泡沫连小罐装入铁盒，胶布封上玻璃纸，铁盒后做个支撑架，使铁盒能对着太阳斜立。

4. 铁盒后面、上方、左右装上反光板，下方的反光板可以直接平铺在铁盒前方的地上。

5. 反射的光要能照射在铁盒或小罐上，让铁盒和小罐能吸收到更多的热，简易太阳能热水器就制作成了。

物理原理：

太阳能热水器通常由集热器、绝热贮水箱、连接管道、支架和控制系统组成。其中，集热器是太阳能热水器接收太阳能量并转换为热能的核心部件和技术关键。

夏天，穿白色衣服容易散热，穿黑色衣服容易吸热。

火烧战船传说的启发

传说，在2200多年前，古罗马帝国派舰队攻打地中海西西里岛东部的锡腊库扎。当时年已70多岁的希腊著名物理学家阿基米德也在岛上，他发动全城的妇女拿着自己锃亮的铜镜来到海岸边。

烈日当空，阿基米德举起一面镜子，让它反射的日光恰恰射到敌舰的船帆上。不计其数的妇女把镜子的反射光投到了船

帆上。不一会儿，舰船起火，罗马人大败而归。

在阿基米德火烧战船传说的直接启发下，1980年西西里岛卡塔尼亚省政府在欧洲共同体九个成员国共同投资下在阿德拉诺镇建造了一个太阳能发电站，使得当年阿基米德火烧战船的地方成了一片玻璃镜的海洋，180面特大玻璃镜"组成"了总面积达6200多平方米的巨大广场。

由这片玻璃镜海洋反射的阳光都自动聚集到广场中心的中央塔上，塔顶接收器接收太阳光，加热锅炉里的水，产生高达500℃、64个大气压的高温高压蒸汽，推动涡轮机发电，它的发电能力达1000千瓦。

后来，在1947年，法国科学家特朗比为了增加太阳能的温度，成功地把军用探照灯用的反射镜用在太阳能炉上，并于1952年在蒙特路易的比利牛斯山上建立了世界上第一个功率达75千瓦的大型太阳能冶炼炉。

到了20世纪70年代，特朗比又在奥代罗建了一个功率达

1000千瓦的太阳能炉，它像一座多层大楼，整个北面是一个直径50米的大型抛物面聚光镜，对面小山上竖立着好几十个反射镜，聚光镜聚集的太阳光可以产生高达3500℃的高温，每天可以生产约2.5吨比一般电炉或电弧炉熔炼纯度还高的锆，当地人自豪地称奥代罗为"太阳城"。

可以说，随着太阳能利用实例的出现和增加，太阳能逐渐进入了人们的视线中，而它也成为人类寻求新能源发展的一大希望，世界上许多国家都开始投入到太阳能开发和利用的研究工作中。

就拿我们国家来说吧。目前，我国的太阳能产业规模已位居世界第一，是全球太阳能热水器生产量和使用量最大的国家和重要的太阳能光伏电池生产国。

1. 光谱中紫光以外的是紫外线。

2. 自然中的紫外线大多来自于太阳。

　　3. 紫外线可以帮助人体合成维生素D，使荧光物质发光（验钞），能杀死微生物。

刺耳的噪声

　　人耳所能承受的最大音量是 90dB，超过 90dB 的声音都算作是噪声。

周末下午，方块和红桃来到歪博士的智慧屋，想在这里消磨剩下的周末时光。他们俩一个打游戏，一个研究歪博士的新发明，各自玩得十分尽兴。

就在这时，一阵刺耳的鞭炮声和汽笛声突然从窗外传来，彻底将智慧屋里的宁静给打破了。

"怎么回事？哪里来的噪声？"方块被这一阵噪声吓到了，"歪博士，这是怎么了？"

知识拓展

从物理学角度上讲，物体做无规则振动时发出的声音叫噪声；从环保的角度上讲，凡是妨碍人们正常学习、工作、休息的声音以及对人们要听的声音产生干扰的声音都是噪声。

"别急，应该是从隔壁传来的声音，我这就让智慧1号过去看看！"说着，歪博士转身对智慧1号说，"智慧1号，去看看外边是什么情况。"

"收到！"

说完，智慧1号就转身出门了。

走到门口后，智慧1号看见隔壁邻居家的院子里挤满了人，大家有说有笑，好像在庆贺什么事情似的。透过拥挤的人群，智慧1号发

现一辆崭新的汽车正停邻居家院子里，就在这时，突然再次响起一阵鞭炮声。

很快，智慧1号便回来了。

"报告博士，隔壁邻居家买了新车，正在放鞭炮庆祝！"智慧1号回复道。

"原来如此！看来是邻居家有喜事了，我们就隔空祝福下他们吧！"歪博士笑道。

"可是，歪博士，这鞭炮声和汽笛声也实在太吵了吧，我感觉自己的耳朵快要被震聋了！"说着，方块伸手捂住自己的耳朵，一脸痛苦的神情。

"通常来说，作为一种波，频率在 20~20000 Hz 之间的声音是可以被人耳识别的，过强的声音会损坏我们耳朵的鼓膜。"红桃站在一旁解释道。

"没错！红桃说得很对！"歪博士称赞道。

"那现在外边这声音肯定早就超过 20000Hz 了，不然我们的耳朵也

不会这么难受！"方块气呼呼地抱怨道。

红桃问："噪声都是从哪儿来的呢？"

什么是分贝？

噪声的等级用分贝表示，表示声音强弱的单位是分贝，符号 dB。超过 90dB 会损害健康；0dB 指人耳刚好能听见的声音。

歪博士说："通常来说，生活中的噪声来源有四种：一是交通噪声，包括汽车、火车和飞机等所产生的噪声；二是工厂噪声，如鼓风机、汽轮机、织布机和冲床等所产生的噪声；三是建筑施工噪声，像打桩机、挖土机和混凝土搅拌机等发出的声音；四是社会生活噪声，例如，高音喇叭、收录机等发出的过强声音。"

"那现在外边这鞭炮声加上汽笛声，绝对算得上噪声了！"方块嘟着嘴生气地说，本来我还想在博士家里安安静静玩会儿游戏，好好放

松放松呢……现在倒好，游戏没打成，还差点让耳朵受伤，我真是太惨了……"

看到方块一副气鼓鼓的样子，歪博士突然想到一个好办法。他从实验室里拿出一个遥控器，笑眯眯地说："孩子们，想不想继续安静地度过这个周末下午呀？"

"当然！"方块不假思索地说。

"歪博士，您有什么好办法吗？"红桃问。

"喏，就是它了！我很早以前发明的噪声隔绝器，被我闲置了这么久，没想到今天居然能派上用场……下面，就是见证奇迹的时刻！"

说着，歪博士将手里的遥控器举高，然后用力按了一下上面的按钮，顿时，智慧屋里再次变得安静起来，外边的噪声一点儿也听不到了。

"哇！歪博士，您真厉害！"方块和红桃一脸兴奋，"太好了，我们又可以安静地玩耍了！"

纸炮实验

小朋友，你玩过纸炮游戏吗？简简单单的一张纸就能发出很大的声音，你知道纸炮是怎么发出声音的吗？现在就让我们一起来做实验吧！

安全提示：本实验要用到纸，实验后注意回收。

实验目的：探究空气振动发声。

实验准备：一张长方形纸（最好是有点硬度的纸）

实验过程：

1. 把较长的那一方先对折，然后再打开，四个角沿着中线往内折，再整个对齐。

2. 对折后再打开，把左右两边的角沿着中线往下折。

3. 把纸往后折，形成一个三角形，纸炮就完成了。

4. 抓紧两个尖角，用力往下甩，就会听到一声巨响。

物理原理：

当我们抓紧纸炮的两个尖角往下甩的时候，纸炮内折的纸张会弹开，从而造成空气的突然振动，空气的突然振动发出了强有力的音波，我们听到的纸炮的声音就这样产生了。

耳朵能听见声音，轻柔的声音可以愉悦身心，刺耳的声音会让身体感到难受。

发明家贝尔的故事

贝尔是美国发明家，被称为"电话之父"。

贝尔的父亲致力于聋哑人事业，贝尔的母亲是位聋人，这都对贝尔发明什么起到影响作用。贝尔除了发明了电话以外，还有很多其他的贡献。

由于贝尔的父亲毕生都从事聋哑人的教育事业，因此他从小就对声学和语言学有浓厚的兴趣。一开始，他的兴趣是在研究电报上。

有一次，当贝尔在做电报实验时，偶然发现了一块铁片在磁铁前振动会发出微弱声音的现象，而且他还发现这种声音能通过导线传向远方，这给贝尔发明了什么以很大的启发。

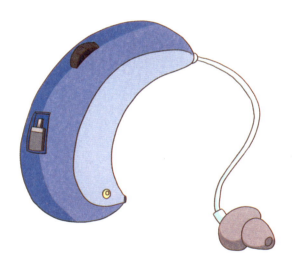

他想，如果对着铁片讲话，不也可以引起铁片的振动吗？这就是贝尔关于电话的最初构想。贝尔发明电话的努力，得到了当时美国著名的物理学家约瑟夫·亨利的鼓励。亨利对他说："你有一个伟大发明的设想，干吧！"当贝尔说到自己缺乏电学知识时，亨利说："学吧"。

在亨利的鼓舞下，贝尔开始了实验，一次不小心把瓶内的

硫酸溅到了自己的腿上，他疼痛得喊叫起来："沃森先生，快来帮我啊！"想不到贝尔这一句极普通的话，竟成了人类通过电话传送的第一句话音。正在另一个房间工作的贝尔先生的助手沃森，是第一个从电话里听到电话声音的人。

贝尔在得知自己试验的电话已经能够传送声音时，热泪盈眶。当天晚上，他在写给母亲的信中预言："朋友们各自留在家里，不用出门也能互相交谈的日子就要到来了！"

就这样，贝尔发明了电话，让人们的声音可以翻越千山万水传递出去。当然，除了电话，贝尔还制造了助听器，这对无法听到声音的人来说，是个天大的好消息！

1. 人的耳朵对于 60-70 分贝的声音是比较适宜的，80-90 分贝就会感觉到很吵闹。

2. 超过 100 分贝的声音，会让人耳内听力的毛细胞死亡或损伤，造成听力的损失。

3. 控制噪声的方式：在声源处减弱（安消声器）；在传播过程中减弱（植树、隔音墙）；在人耳处减弱，比如戴耳塞。

强大的超声波

　　声学的应用范围越来越广，在军事、医学、建筑等方面有举足轻重的地位。

　　医疗机构中使用的 B 超利用的就是超声波。

什么是超声波？
超声波有哪些实际应用呢？ >>>

听说歪博士的新研究"超声波"完成了，方块、红桃和梅花特意来到智慧屋，想要一睹这项研究的庐山真面目。

刚一走进智慧屋，方块便迫不及待地跑进歪博士的实验室，跟在他后边问东问西。

"歪博士，什么是超声波呀？是不是像武林高手身体里的真气波一样，所向无敌呢？"方块天真地问道。

听了方块的猜测，大家都被逗笑了。

"哈哈哈，方块，你是不是平时武侠片看多了呀？怎么能把超声波和真气波联系在一起呢？"歪博士笑着问道。

"难道不是吗？"看到大家都在笑自己，方块有些丈二和尚摸不着头脑。

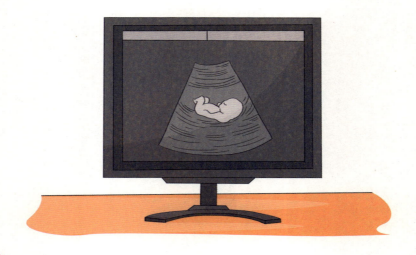

"超声波是一种频率高于 20000Hz 的声波，人耳是完全听不见的！"梅花摇了摇头。

知识拓展

超声效应是指当超声波在介质中传播时，由于超声波与介质的相互作用，使介质发生物理和化学变化，从而产生一系列力学、热学、电磁学和化学的超声效应。

"原来是这样啊！"方块知道后，有点儿尴尬地说，"唉，我还以为歪博士练就了哪门绝世武功呢，害得我白激动一场！"

看到方块一副天真烂漫的样子，歪博士忍不住哈哈大笑起来："方块，你可真幽默！"

"那是必须的！"方块眨了眨眼说。

"歪博士，"红桃好奇地问道，"这种声波不是人耳听不到吗？那您为什么还要研究它呢？"

"因为超声波也和太阳能一样，是个宝呀！"歪博士笑道，"超声波有许多优点，比如它能量集中，波长要比一般声波短得多，因而可以用来切削、焊接、钻孔等；又比如它频率高、波长短、衍射不严重，因此具有良好的定向性，工业与医学上常用超声波进行超声探测。"

"没错！超声波能量大、频率高，可以用来打结石、清洗钟表等精密仪器；超声波基本沿直线传播，这种特性可以用于回声定位。"梅花一脸淡定地补充道。

"那超声波和我们平常听到的声音有什么区别吗？"方块追问道。

"其实，超声和我们平常听到的声音在本质上是一致的，它们的共同点都是一种机械振动模式，通常以纵波的方式在弹性介质内会传播，

是一种能量的传播形式。"歪博士耐心地解释道，"当然，它们的不同点主要集中于，超声波频率高、波长短，在一定距离内沿直线传播并且具有良好的束射性和方向性，这一点是优于我们平常听到的声音的。"

"这么一听，超声波好像还真挺厉害的！"方块听后忍不住赞叹道。

"那是当然啦！"梅花平静地说，"超声波还能产生超声效应呢！"

智慧问答

超声波何以得名？它有哪些用处？

超声波因其频率下限超过人的听觉上限而得名。超声波的方向性好，反射能力强，易于获得较集中的声能，在水中传播距离比空气中远，可用于测距、测速、清洗、焊接、碎石、杀菌消毒等，因而在医学、军事、工业、农业上有很多的应用。

"梅花说得很对！"歪博士补充道，"简单来说，超声效应主要包括四类效应：一是机械效应，可促成液体的乳化、凝胶的液化和固体的分散；二是空化作用，作用于液体时可产生大量小气泡；三是热效应，由于超声波使物质产生振动，因此被介质吸收时能产生热效应；四是化学效应，例如纯的蒸馏水经超声处理后产生过氧化氢；溶有氮气的水经超声处理后产生亚硝酸；染料的水溶液经超声处理后会变色或退色等。"

"哇！原来超声波这么厉害！"方块惊讶地张大嘴巴。

"歪博士，那您研究超声波，是不是想把它用到其他地方呢？"红桃好奇地问道。"

"对呀！"歪博士兴奋地说，"事实上，人们在很早以前就开始认识到超声波的重要性了，并且做了很多实际的应用。比如医院里的 B 超

仪就是根据内脏反射的超声波进行造影，帮助医生分析体内的病变；又比如医生可以利用超声波的巨大能量将人体内的结石击碎；再比如利用超声波探测金属、陶瓷混凝土制品，甚至水库大坝，检查内部是否有气泡、空洞和裂纹等……总之，超声波的应用前景是十分广阔的！"

"歪博士，你刚刚说的Ｂ超仪，它的工作原理是什么呀？"红桃问道。

"我们都知道，人耳的听觉范围有限度，只能对 20~20000Hz 的声音有感觉，20000Hz 以上的声音就无法听到，这种声音称为超声。"歪博士耐心地解释，"和普通的声音一样，超声能向一定方向传播，而且可以穿透物体，不同的障碍物就会产生不相同的回声。通过仪器将这种回声收集并显示在屏幕上，可以用来了解物体的内部结构，这就是Ｂ超仪的工作原理！"

"哇！这实在是太棒了！"方块忍不住感叹道，"歪博士，快让我们看看您的超声波研究吧，我已经有点儿等不及了呢！"

"没问题！"

于是，歪博士向方块、红桃、梅花讲解起自己的超声波研究，大家都被吸引了，听得十分认真。

认识 B 超仪

B超仪真的这么神奇吗？小朋友，让我们一起来认识认识B超仪吧！

安全提示： 本实验要用到B超，小朋友要在爸爸妈妈的陪同下观看。

实验目的： 了解声波在空气中传播的特性，认识B超设备。

实验准备： 黑白B超、超声耦合剂、酒精、棉签。

实验过程：

1. 了解B超设备的基本结构。

2. 观看B超的使用流程，了解其工作原理和基本流程。

物理原理：

声波是物体机械振动状态的传播形式。超声波是指振动频率大于20000Hz以上的，其每秒的振动次数很高，超出了人耳听觉的一般上限（20000Hz）。超声和可闻声的不同点是超声波频率高、波长短，在一定距离内沿直线传播，具有良好的束射性和方向性。

在医生的帮助下，孕妈妈可以通过B超来了解肚子里小宝宝的健康状况哦！

是谁发现了超声波？

现如今，超声波早已广泛应用于人类生活生产的各大领域，比如医疗的超声波检查，工程的超声波测量，渔业的超声波纳米感应等。可以说，超声波早已和人类的生产生活息息相关，甚至还在一定程度上影响和改变了人类社会。

说到这里，你们知道超声波最早是被谁发现的吗？

意大利科学家斯帕拉捷有一个习惯，那就是在晚饭后到附近的街道上散步。他常常看到，很多蝙蝠灵活地在夜空中飞来飞去，从来不会撞到树上或墙壁上。这个现象引起了他的好奇：蝙蝠是凭什么特殊的本领在夜空中自由自在地飞行呢？

1793 年夏天，一个晴朗的夜晚，喧腾热闹的城市渐渐平静下来。斯帕拉捷匆匆吃完饭，便走出街口，把笼子里的蝙蝠放了出去。当他看到放出去的几只蝙蝠轻盈敏捷地来回飞翔时，不由得尖叫起来。因为那几只蝙蝠，眼睛全被他蒙上了，根本

什么都看不见呀！

对此，斯帕拉捷很奇怪：不用眼睛，蝙蝠是凭什么来辨别前方的物体，捕捉灵活的飞蛾呢？

为了验证自己的猜想，斯帕拉捷又尝试堵住蝙蝠的鼻子，甚至还用油漆涂满蝙蝠的身体，但最终的结果，依然是蝙蝠在空中十分敏捷地飞行。

最后，斯帕拉捷堵住了蝙蝠的耳朵，这一次，蝙蝠没有了先前的神气。它们像无头苍蝇一样在空中东碰西撞，很快就跌落在地。

原来，蝙蝠在夜间飞行、捕捉食物，是靠听觉来辨别方向、确认目标的。更深一点儿说，蝙蝠能发出2-10万赫兹的超声波，这好比是一座活动的"雷达站"，而蝙蝠正是利用这种雷达判断飞行的。

1. 超声波在媒质中的规律，与可听声波的规律没有本质上的区别。

2. 超声和可闻声的共同点都是一种机械振动模式，通常以纵波的方式在弹性介质内会传播，是一种能量的传播形式。

3. 当超声波在介质中传播时，由于超声波与介质的相互作用，会产生一系列力学、热学、电磁学和化学领域的超声效应。